東京スリバチ散歩

地形の楽しみ方ガイド

皆川典久

はじめに

スリバチの数だけ物語がある

本書は『凹凸を楽しむ　東京「スリバチ」地形散歩』（2012年：洋泉社、現在は宝島社から増補改訂版が販売中）の続編として、2013年に洋泉社より出版された『凹凸を楽しむ　東京「スリバチ」地形散歩2』をベースに、新たに溜池・虎ノ門と下北沢、品川宿・大井を加え、2024年の現状に照らし合わせて大幅に加筆・修正を加えて、新たに刊行に至ったものである。

個人的な趣味として2003年以来続けてきた、東京の谷地形を巡るフィールドサーベイの記録をベースに刊行した『凹凸を楽しむ　東京「スリバチ」地形散歩』は、予想以上の話題を呼び、「地形ブーム」のきっかけをつくった書籍として、メディアでも多く取り上げられてきた。その続編にあたる本書の新版を求める声も多くいただき、さまざまな出会いを経て、今回の刊行の運びとなった。

本書は『凹凸を楽しむ　東京「スリバチ」地形散歩』では紹介しきれなかった、東京の山の手16エリアと下町平野2エリアを取り上げ、さらに概論的な記述や地形を楽しむ「見方」の部分を加筆して、初心者でも楽しめる構成を心がけた。さらに、地形マニア憧れの地、スリバチ（16ページ参照）の本場である神奈川県・下末吉と横浜山手にも遠征し、記事に加えている。地形マニアにとっては行政区分は特に関係がないので、「広く」お楽しみいただきたい。

まち歩きの楽しみの1つは、町で出会った疑問や自分が気づいた事象に、何らかの意味や理由を見出すことにあると思う。実際に歩いてみるとわかることだが、どんな場所でも、地形の凹凸にはわけがあり、手がかりの1つとして土地の変遷や歴史を掘り下げてみると、興味深いストーリーが必ずといっていいほど浮かび上がる。自分なりの探求と想像で、背後に潜むストーリーをたぐり寄せ、断片と思えていた事象が繋がってゆく謎解きのような展開は、この上ない悦楽だと思っている。惜しまれながらレギュラー放送が終了したテレビ番組『ブラタモリ』は、それを証明していた。

『凹凸を楽しむ 東京「スリバチ」地形散歩』の書き出しに「わき道に逸れてみたらそこはスリバチだった」と記したが、メインストリートから逸れた先には、そんな宝石のような断片がたくさん転がっていたりする。それらは異国の地で探し求めるまでもなく、日常のすぐ近くに潜んでいたりするのだ。そんな誰もが楽しめる、まち歩きの、あるいは自分たちの住む町を見つめ直す、きっかけと動機を本書が提供できたらと思うのである。

東京スリバチ散歩

目次

II 「スリバチ」を歩く ～断面的なまち歩きのすすめ～

都心の気になる谷

地形マニアの悦楽

台地と低地の狭間で

スリバチの本場

＊本書掲載の凹凸地形図は、陰影段彩図（高さごとに異なる色と影をつけることで地形を立体的に表現した図）で表現しています。

〈東京広域マップ〉

国土地理院、国土交通省水管理・国土保全局作成の「基盤地図情報（5mメッシュ標高）」をDAN杉本氏制作の「カシミール3D」（https://www.kashmir3d.com/）により加工し作成しました。

〈横浜広域マップ／ 19·20エリア地図〉

国土地理院作成の「基盤地図情報（5mメッシュ標高）横浜」を「カシミール3D」により加工し作成しました。

〈1～18エリア地図〉

国土地理院作成の「基盤地図情報（5mメッシュ標高）東京都区部」を「カシミール3D」により加工し作成しました。

＊本書掲載の写真や図版は、特に断りのないものについては著者が撮影・作製しました。

東京広域マップ

1 新宿
2 池袋
3 高輪・白金
4 番町・麹町
5 溜池・虎ノ門
6 等々力
7 王子
8 落合
9 中目黒
10 洗足池
11 戸越・大井
12 馬込・山王
13 練馬・板橋
14 成城
15 下北沢
16 谷中・根津・千駄木
17 根岸・鶯谷・浅草
18 品川宿・大井

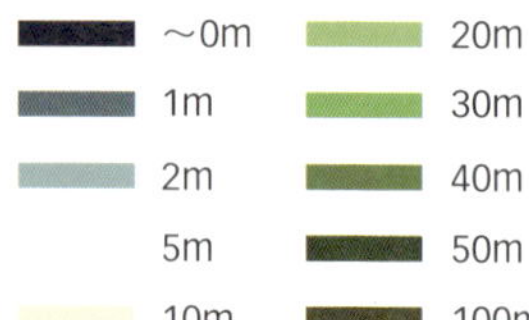

N

0 1000 2000 5000m

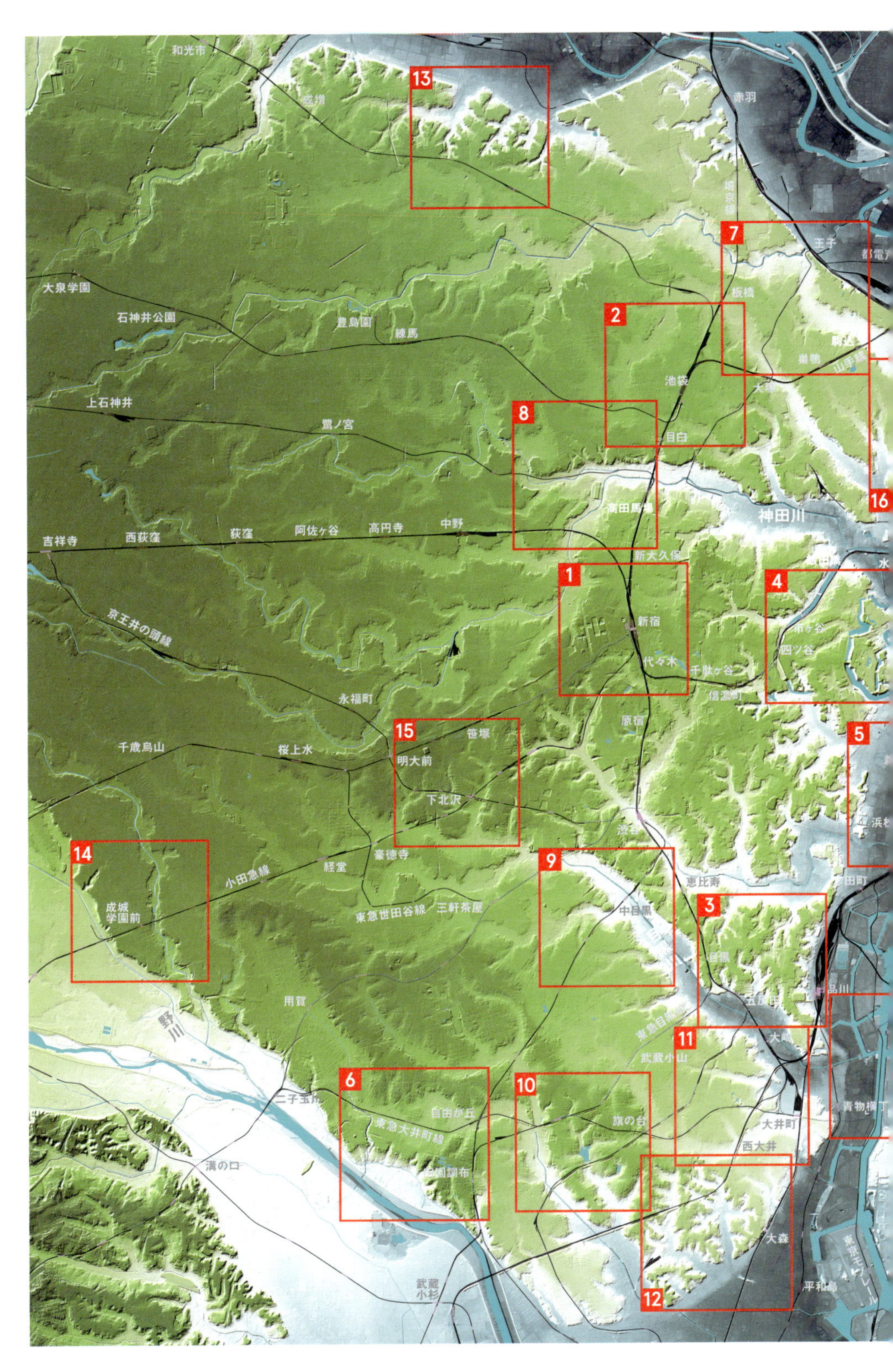
和光市
成増
赤羽
13
7
王子
板橋
駒込
巣鴨
山手線
大塚
2
池袋
目白
8
大泉学園
石神井公園
豊島園
練馬
上石神井
鷺ノ宮
高田馬場
神田川
16
吉祥寺
西荻窪
荻窪
阿佐ケ谷
高円寺
中野
新大久保
1
新宿
代々木
千駄ケ谷
信濃町
4
市ケ谷
四ツ谷
京王井の頭線
永福町
原宿
5
15
笹塚
明大前
下北沢
千歳烏山
桜上水
渋谷
14
成城
学園前
小田急線
経堂
豪徳寺
9
恵比寿
中目黒
東急世田谷線
三軒茶屋
3
目黒
五反田
品川
用賀
野川
東急目黒線
武蔵小山
11
大崎
6
10
二子玉川
自由が丘
東急大井町線
田園調布
旗の台
大井町
西大井
青物横丁
溝の口
12
大森
東京モノレール
平和島
武蔵
小杉

横浜広域マップ

19 下末吉

20 横浜

[標高]

～0m	20m
1m	30m
2m	40m
5m	50m
10m	75m
15m	

0 500 1000 2500m

N

本書の見方

エリア凹凸地形図

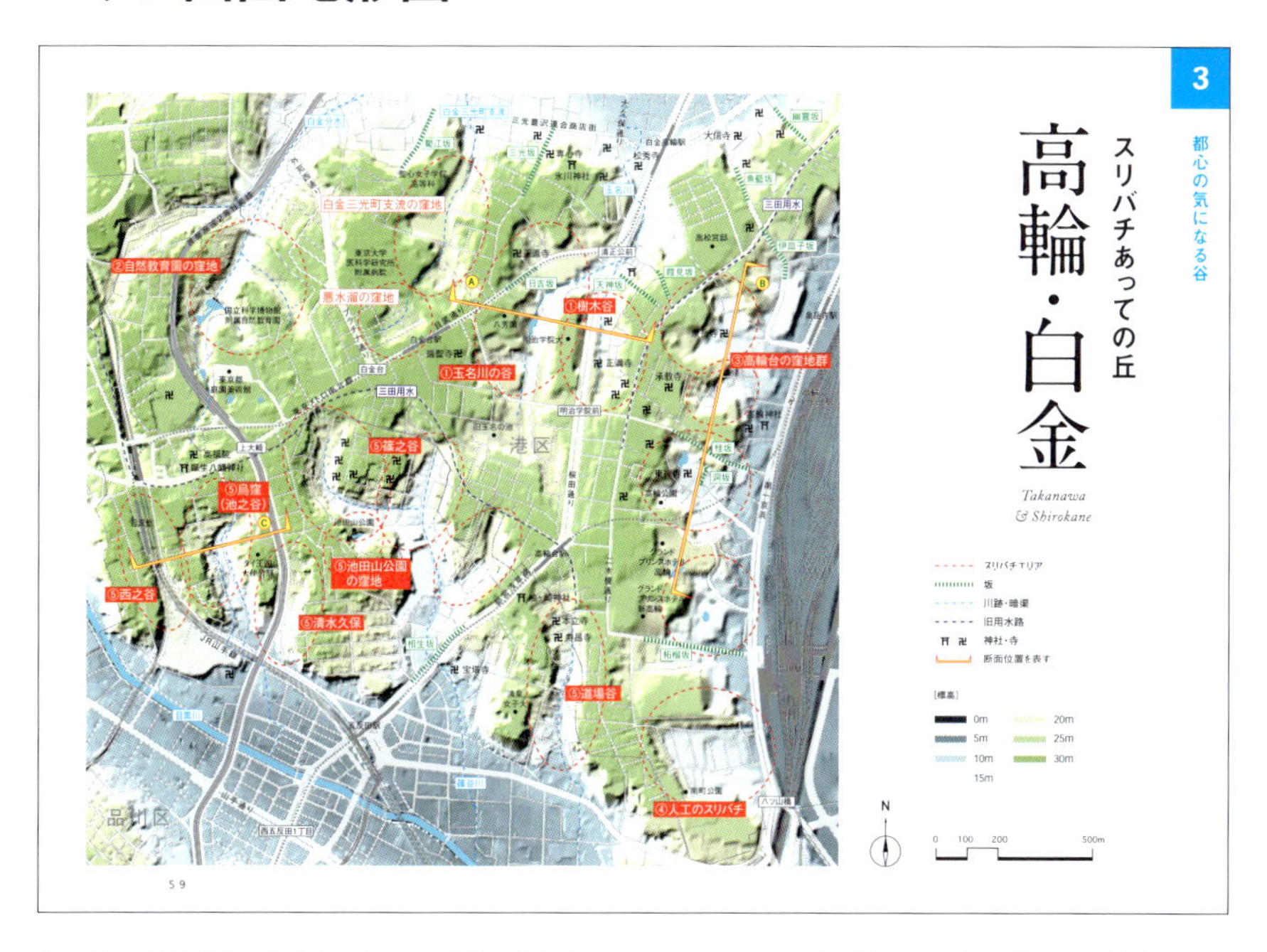

各エリアの地形図は真北を上とし、縮尺はそれぞれ記載のとおりです。坂、川跡・暗渠、旧用水路、神社・寺を表すアイコンは凡例のとおり。スリバチエリアなどに振られた番号は本文中の小見出しに対応しています。断面線は同記号の断面図に対応しています。標高は各地形図に示したとおり、高さごとに色分けして表現しています。各標高における色は地形図ごとにそれぞれ違いますので、ご留意ください。

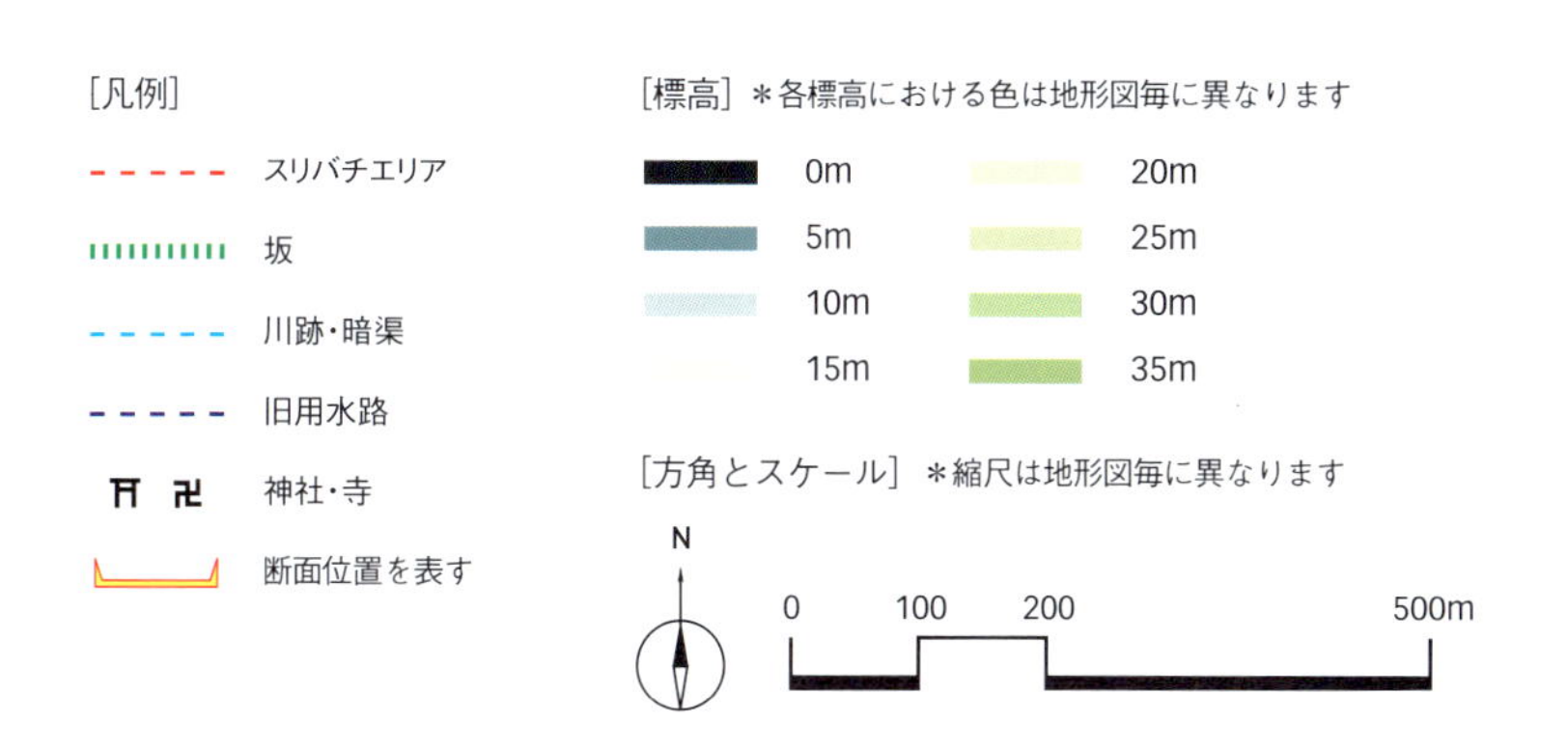

断面模式図

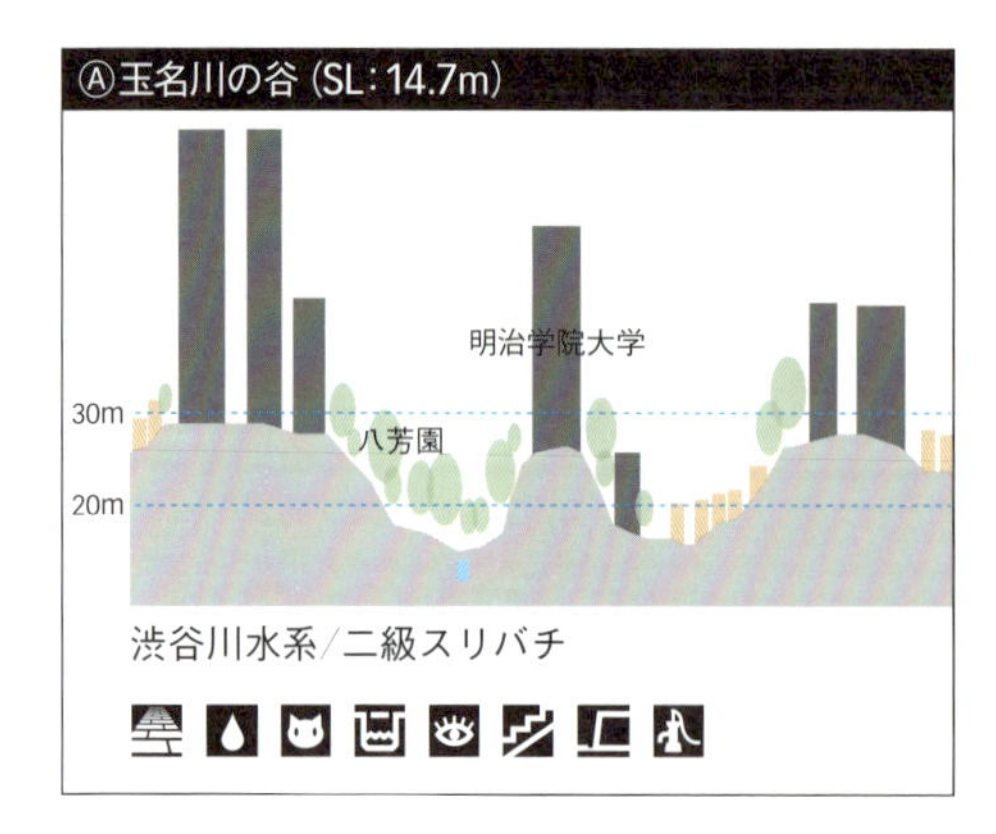

路地あり

湧水あり

猫多し

暗渠あり

眺望ポイントあり

階段あり

井戸あり

崖あり

地形図中のスリバチに記した断面位置の断面図。高低差をわかりやすく表現するために地形と建物の高さを2倍に強調し、模式的に描いたものです。図左の数値は海抜を示します。「SL」はスリバチレベル（谷底の海抜）を示します。断面模式図のアイコンは、そのスリバチで見ることのできる、「東京スリバチ学会」が偏愛するモノたちを表します。

断面展開図（イメージ図）

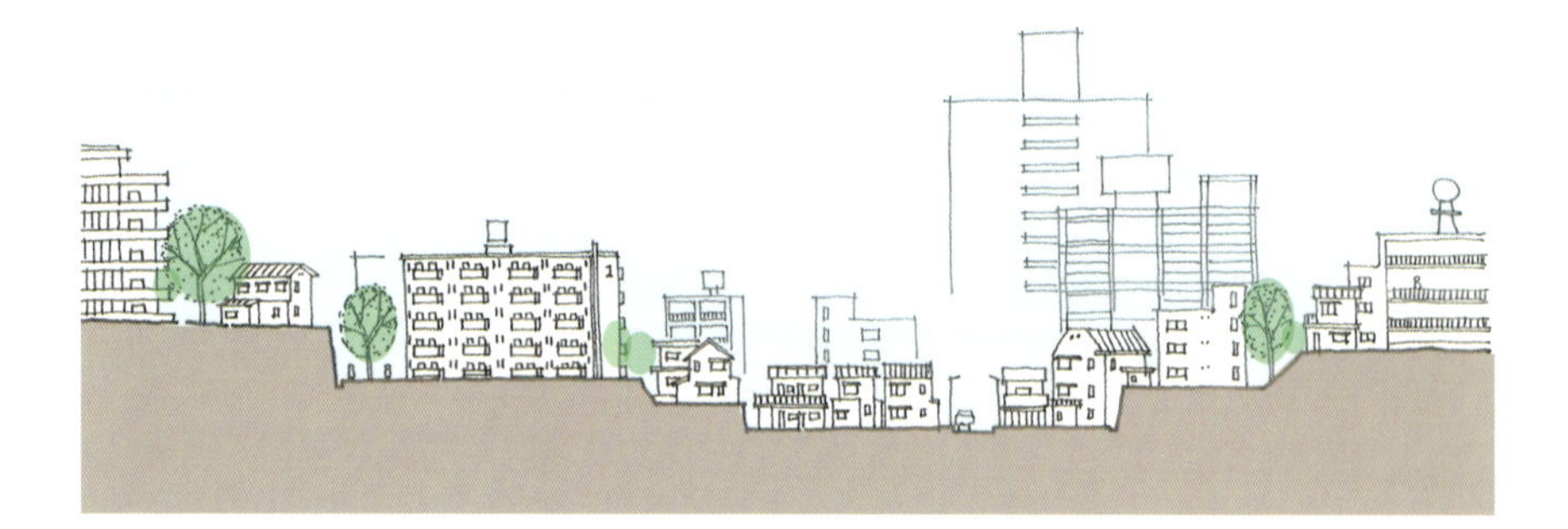

建物の意匠や表情はあくまでもイメージとして描いたもので、実際と異なる場合があります。

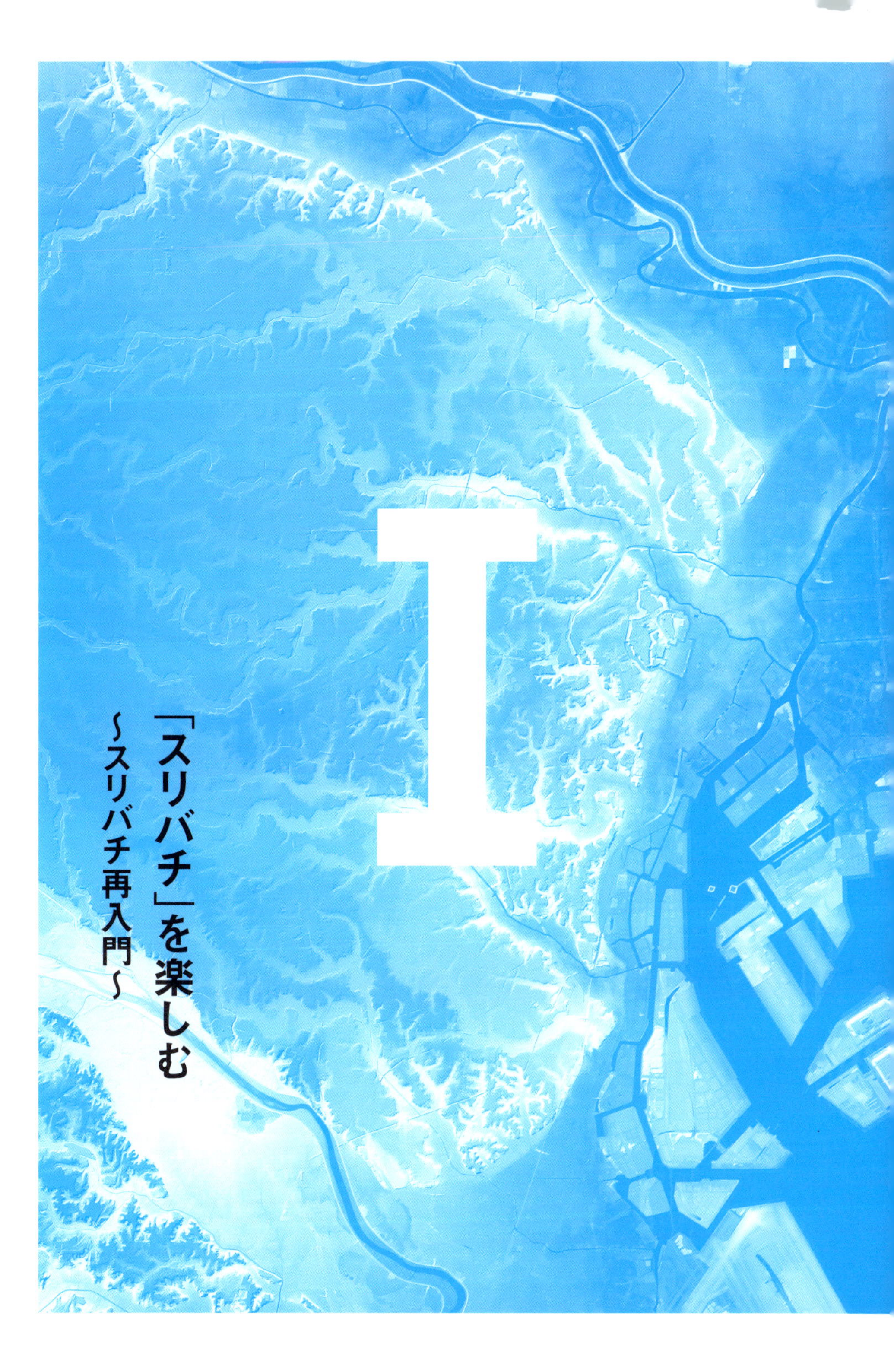

I

「スリバチ」を楽しむ

～スリバチ再入門～

1　スリバチ地形と東京の発展史

エリア別の紹介を始める前に、本書で取り扱う東京・山の手に点在するスリバチ状の地形と、東京スリバチ学会が着目している地形が育んだ東京の都市的特徴を紹介しておきたい。

スリバチの都・東京とは

「山の手」と呼ばれる東京都心部は、武蔵野台地（洪積台地）が東京湾に迫り出した東の端に位置し、西から東へと流れる河川が台地を深く刻み、その河谷で隔てられた丘が列を成して連なる特徴的な地形を呈している。河谷を流れるのは神田川・渋谷川・目黒川といった都市河川で、分断された台地は「7つの丘」を成している。段崖状の河谷は、上流へと遡るにしたがい、鹿の角のように枝分かれし、台地の奥へと入り込んでいる。そして谷の先端部（谷頭）では三方向を丘で囲まれた馬蹄形の、あるいは「スリバチ状」の窪地を多く見ることができる。

東京都心で見られる凹凸地形の谷形状は、山間部で見られるような山と谷が織りなすV字状の侵食谷とは異なり、平らな台地面をえぐりとったようなU字状なのが特徴だ。赤城山の麓から上京した自分にとっては、それら谷や窪地の形状がとても不思議に思え、勝手ながらもその第一印象から「スリバチ」と命名した。2003年にランドスケープアーキテクトの石川初氏と東京スリバチ学会を立ち上げ、気ままなフィールドワークとその記録を続けて20年が過ぎた。

実際に歩いてみるとわかることだが、「坂の町」といわれる東京の山の手の坂は、実は下りては上る「対の坂」、すなわち谷越えの坂が多く、丘と谷が織りなす微地形が都心の景観に変化と奥行きを与えている。

例えば、渋谷では駅を挟んで向かい合う宮益坂と道玄坂がよい例だし、谷中では不忍通り(しのばず)の両側に団子坂と三崎坂(さんさき)が向かい合っている。お気づきのとおり、渋谷・谷中ともに地名に「谷」の文字が含まれ、これらの町が谷地形にあることを暗示している。この他にも四谷・市谷・千駄ヶ谷をはじめ、雑司が谷(ぞうしや)、茗荷谷(みようがだに)など、「谷」のつく地名は山の手に散在していて、東京を知るキーワードの1つに違いないのだ。

全国的に一番多い地名のつけられ方は、地形の特色を表現する自然地名といわれる。地形的変化に富む東京都心部には、そのような「谷」のつく地名以外にも、「窪（久保）」、「沢」、「池」の文字を多く見つけることができる。それらは地形的に盆地や谷地形である場合が多く、例えば大久保は蟹川の氾濫原だった広大な盆地を呼ぶとする説を『増補改訂 凹凸を楽しむ 東京「スリバチ」地形散歩』（宝島社）で紹介したし、池尻は北沢川と烏山川の合流する地帯で、大雨の際は水が滞留して大きな池から川が流れ出る場所、すなわち「池の端」に起因することを述べた。これら谷地形の存在を示唆する地名を「スリバチコード」と呼び、地図上から谷や窪地を見つける有力な手がかりとしている。

ちなみに、スリバチコードの他に、「田」は低地・湿地を示す記号といえる。千代田、宝田、祝田をはじめ、神田、桜田、早稲田、五反田、蒲田、羽田、そして田町が該当する。いずれの町も市街化する以前は、低湿地に水田が広がる一帯であった。

凹凸地形は世界でもめずらしい東京の財産

こうしたスリバチ状の谷地形は、どうやら世界のどこにでも存在する類のものではないようだ。関東ローム層と呼ばれる火山灰が風化してできた赤土と、東アジアモンスーン地帯特有の降雨量の多さという複数の条件が重なることで形成されたものらしい。透水性の高いローム層は水を含むと崩れやすいことから、侵食面は急峻な断崖状となりやすく、谷はフィヨルドのようなU字状を成す。ローム層がこの地に厚く堆積したのは、偏西風の風上に大規模な噴火をかつて繰り返した活火山（富士・箱根火山帯）が存在したためで、火山灰台地が豊富な雨量で涵養され、湧水を流出させてスリバチ状の谷が生まれた。

この独特な地形を下敷きにして巨大都市・東京は独自の歴史を歩んできたわけだが、江戸から東京へと続く都市発展の中でも、その地形的な特徴は大きく失われることがなかった。それは、東京が江戸期という比較的古くに開発された町ゆえ、現代のような大規模な土地の改変が行われずに、むしろ地形に即した都市建設がなされたからだ。さらには、江戸が消費を主とした都市だったことに加え、ローム層の台地が水を得にくかったために、灌漑・水田化といった稲作に必要な大規模な土地改変を受けなかったことも挙げられよう。戦後から現代における都市開発では、地勢を活かす発想は稀で、土地を商品とみなし、均質化や平準化を目指す開発傾向が多かった。近代の都市開発あるいは宅地造成によって原地形を失った町は少なくない。しかし東京という町は、近代化の洗礼を受ける以前に、すでに市街地として成熟していたことが幸いしたともいえる。そんな偶然の積み重ねで、現代に至った東京のスリバチ地形は、東京という町のかけがえのない財産なのだと思う。

スリバチの第一法則、第二法則

ここにしかない地形を下敷きに、固有な発展を続けた東京という町は、結果的に規則性をまとったユニークな景観、あるいは様相を示している。東京スリバチ学会が「スリバチの第一法則」「スリバチの第二法則」と呼ん

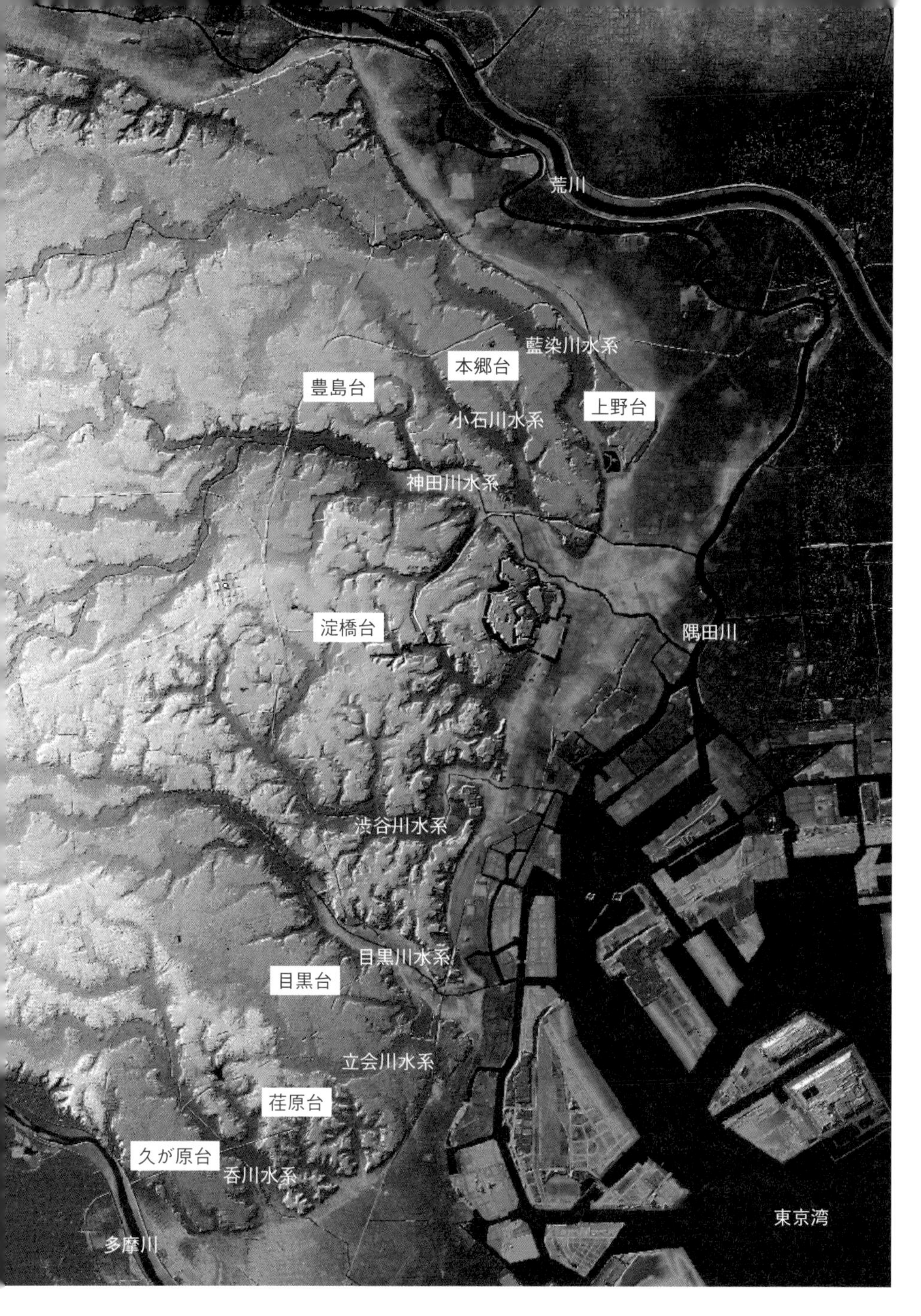

東京の地形図　標高10m以下を青色で表現している。武蔵野台地は谷に分断され、7つの丘が連なった形となっている（国土地理院、数値地図5mメッシュ（標高）「東京都区部」、カシミール3Dにより作成）

でいるものを紹介したい。

　まず「スリバチの第一法則」とは、地形の起伏を強調するかのように高さの異なる建物が立ち並んでいる、という規則性だ。丘の上には高層の建物が並び、丘の麓には低層の建物が軒を並べている。住宅地では丘の上に中高層の「集合住宅」がそびえ、丘の麓の低地では、低層の「住宅が集合」している場面をよく見かける。建築物の織りなす都市のスカイラインが土地の起伏を増幅している、ともいえよう。言い方を変えれば、スカイラインを見ることで地形の起伏が想像できるということでもある。こうした様相は都心、郊外を問わず、都内のさまざまな場所で観察できる。

　そして「スリバチの第二法則」とは、台地と低地が断崖で隔てられているように、丘の上の町と谷の町は連続していない、ということだ。地形の断崖がそのまま町の境界となり、町は不連続な様相を呈している。地形の高低差によって、性格の異なる町が隣り合ってはいるが、往来が限定されている。例えば、谷の町の

スリバチの第一法則事例1　丹波谷と呼ばれる谷底に低層の建物が、高台に高層建築が立つ様子がよくわかる（港区六本木3丁目）

スリバチの第一法則事例2　東京ミッドタウンのある高台から窪地を眺める。残念ながら現在はこの景観は失われ、再開発を経てタワーマンションが立つ（港区赤坂9丁目）

路地は崖で行き止まりになっていることが多く、丘に上る道は限られているので、徘徊中に谷町から出られなくなることがある。これを「スリバチに嵌(はま)る」ともいっている。

東京は捉えどころのない町ともいわれるが、地形と都市の関係においては、このように法則性、あるいは基本構造と呼べるものが確かに存在している。

法則はどのように生まれたか

それでは、地形の起伏に呼応する町の規則性はどのように生まれたのだろうか。ここでは山の手の台地とそこに刻まれた窪地・谷地に焦点をあて、変遷を振り返っておきたい。

江戸時代、山の手の台地には主に大名屋敷や武家屋敷が割り当てられた。大名屋敷の中には、谷地形を取り込んで大名庭園の一部に活用したものもあった。幕藩体制が崩壊し明治の世になると、その跡地は近代国家の首都東京に必要な都市機能を盛り込む格好の器と

スリバチの第二法則事例１　ジク谷と呼ばれた谷あいの路地。擁壁の上に高層マンションが立つ（新宿区住吉町）

スリバチの第二法則事例２　路地が断崖で閉じられ、町に不連続面があることがわかる。丘に上る道は限られている（港区元麻布２丁目）

なった。政府関係の機関や各国の大使館、そして学校や病院など、大規模な施設が広大な敷地を活かし、再開発ではなく「置換」によって新時代への対応が円滑に成し遂げられた。大名庭園というゆとりある区画が確保されたため、19世紀のヨーロッパの都市が経験したような都市の大改造をすることもなく、敷地割りや道筋もそのままに、江戸は明治へと継承されたとも解釈できる。

一方、山の手にある谷地や窪地などの多くが沼沢地・湿地帯であったため、江戸初期では主に水田に利用されたものが多かったが、明暦の大火（1657年）以降の江戸の拡大に伴い、町人地や組屋敷（下級武士の屋敷）に利用されていった。河川に沿った百姓地がスプロール化して町人地になった場所もある。そして江戸から東京へと続く町の開発の過程でも、谷地や窪地の下町も台地と同様、あまり土地の区画割りを変えることなく、敷地の範囲内で建物が入れ替わることが多かった。

こうして、台地上の大区画の敷地が都市開発で高層化されてゆく一方、谷地では小区画のまま小規模建物が建て替

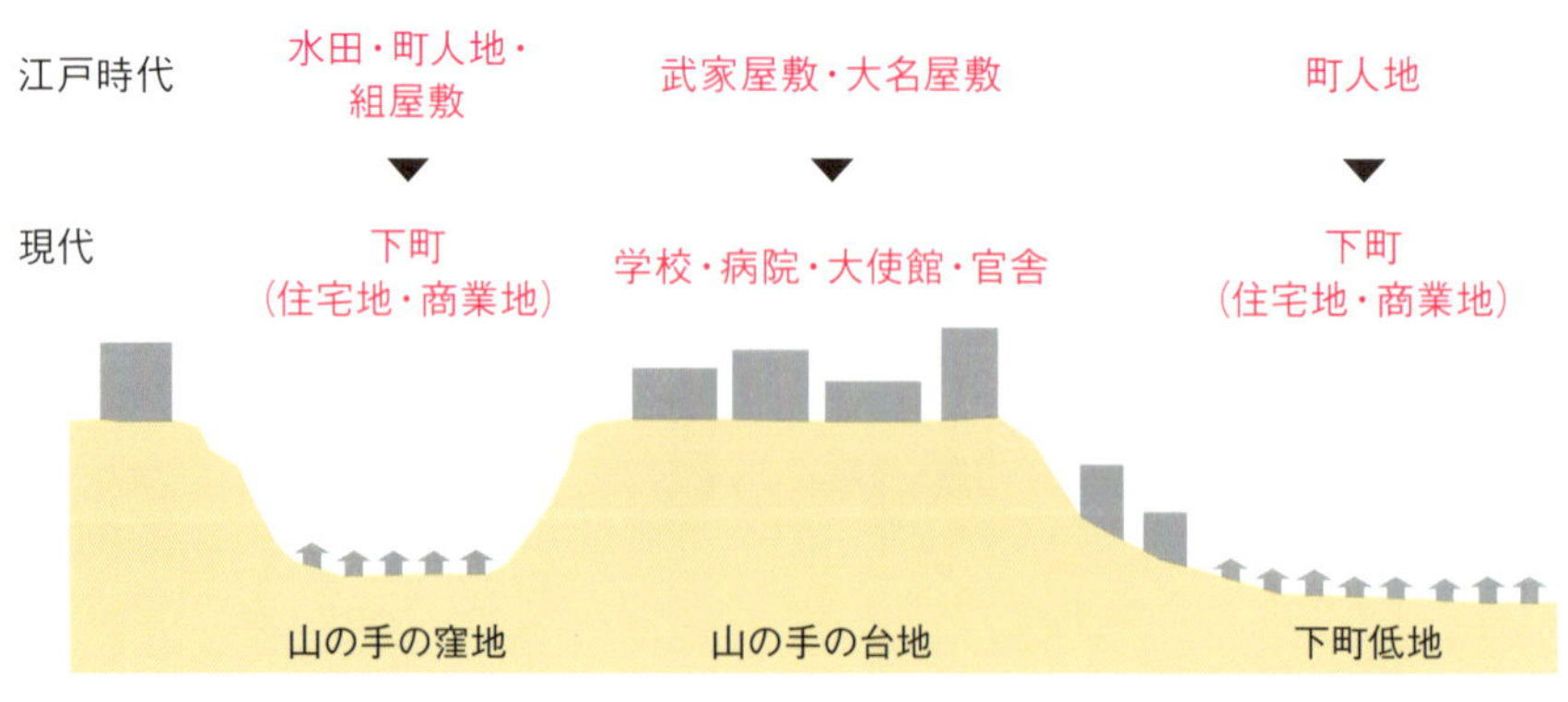

東京の町と地形の変遷説明図

えられていくこととなり、地形の起伏と建物規模の大小が呼応し、さらには増幅するようになったのだ。同時に、段丘状の地形によって町の住み分けがなされ、地形的な上下の町で異なった個性が育まれてきたのだろう。

スリバチ地形を活かした3つのタイプ

都内のスリバチ地形の場合、その土地利用から大きくは3つのタイプに分類できそうである。東京スリバチ学会では、これらを「下町系スリバチ」「公園系スリバチ」「再開発系スリバチ」と呼んでいる。

下町系スリバチとはもともと水田や農村集落、あるいは下級武士の屋敷地などだった場所で、すでに触れた明暦の大火などの江戸を襲った火事や、震災・戦災といった時代のターニングポイントで都市が肥大する際に、後発的に町として生まれた場所であり、商店街や歓楽街もあれば、住宅地の場合もある。具体的事例としては、谷中を代表に、染井銀座や霜降銀座、戸越銀座などが概当し、詳細は第Ⅱ部で触れてゆきたい。

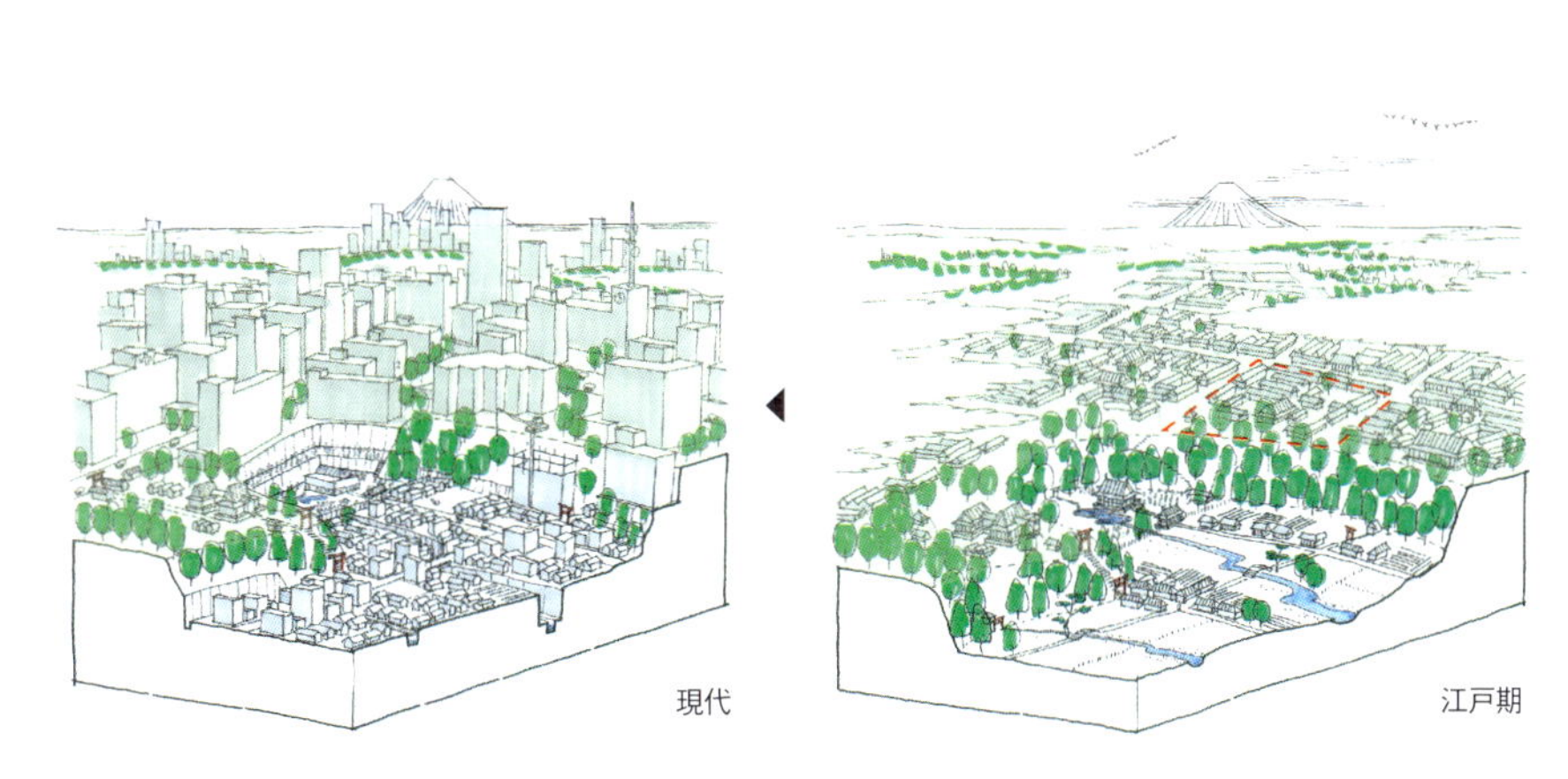

下町系スリバチの変遷イメージ
江戸時代、台地と窪地で住み分けが成されていた場所は、下町系スリバチとなっている事例が多い

公園系スリバチは、江戸時代には大名屋敷の庭園に取り込まれていた場所が多く、明治以降に個人や企業の所有地を経て、公園として開放されてきた場所だ。いずれも江戸の庭園文化を伝える遺産が多く、豊かな水系を持つ東京という都市のかけがえのない観光資源・都市遺産といえる。

『増補改訂 凹凸を楽しむ 東京「スリバチ」地形散歩』で紹介した公園系スリバチとしては、有栖川宮記念公園(旧盛岡藩南部家下屋敷)、肥後細川庭園(旧熊本藩細川家下屋敷)、鍋島松濤公園(紀州徳川家下屋敷)、東京大学本郷キャンパスの三四郎池(加賀藩前田家上屋敷)、ホテル椿山荘東京(旧黒田家下屋敷)、林試の森公園、赤羽自然観察公園などがあった。本書でも新宿御苑や白金の自然教育園、戸越公園など、身近にありながら見過ごされがちな事例を紹介してゆく。

さらに、谷戸地形を丸ごと再開発した事例は「再開発系スリバチ」と呼んでいるが、都心の大規模再開発であるアークヒルズ、六本木ヒルズ、麻布台ヒルズなどがこれに該当している。

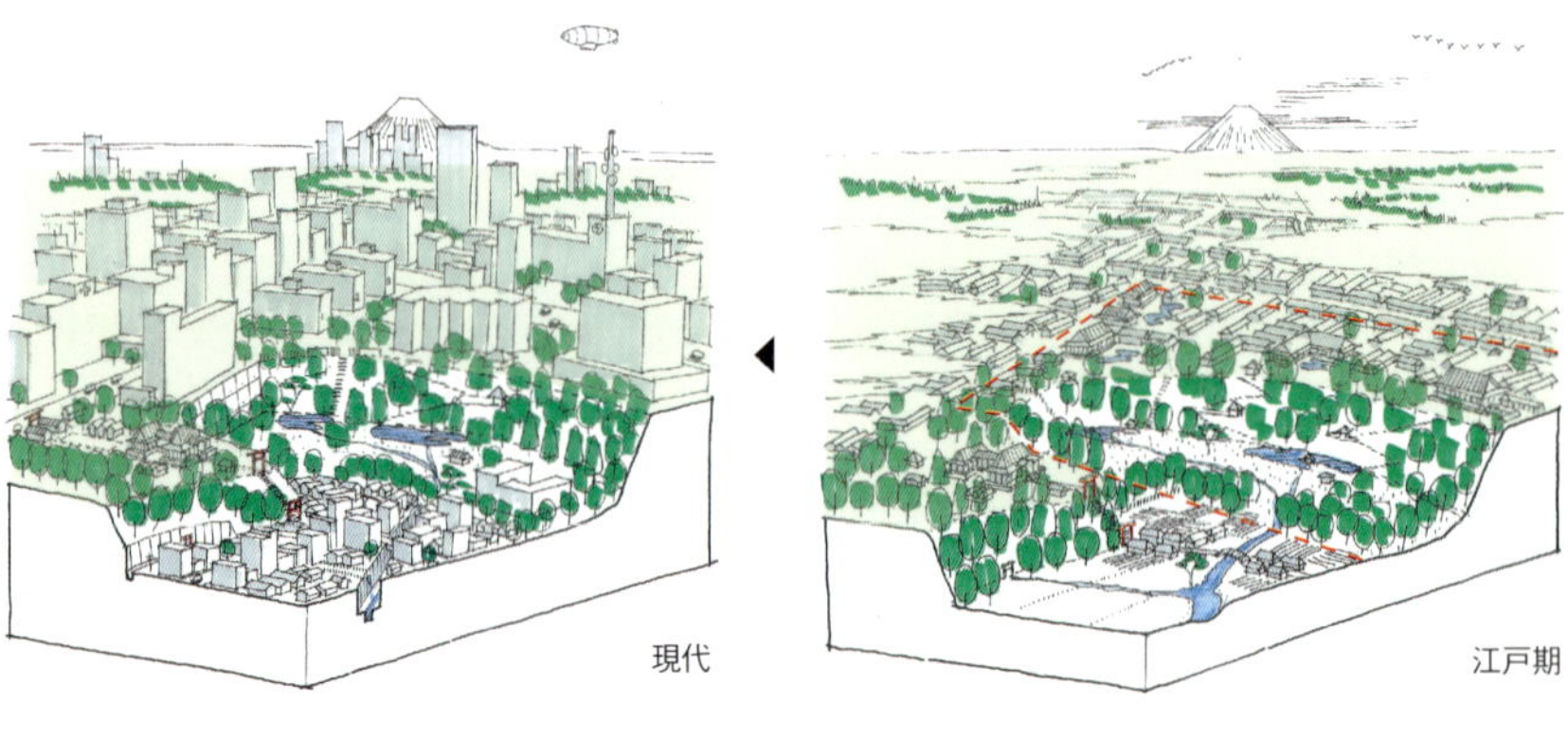

現代

江戸期

公園系スリバチの変遷イメージ

谷戸を大名庭園に取り込んでいた場所のいくつかが公園系スリバチとなっている

下町系スリバチ事例２　渋谷川の川跡であるキャットストリートへ向かう穏田商店街も、小さな河谷の商店街である（渋谷区神宮前６丁目）

下町系スリバチ事例１　原宿の竹下通り裏にあるブラームスの小径は、渋谷川支流の川跡でもある（渋谷区神宮前１丁目）

公園系スリバチ事例２　林試の森公園の川の流れは復元されたものではあるが、谷戸地形の醍醐味を味わうことができる（目黒区下目黒５丁目・品川区小山台２丁目）

公園系スリバチ事例１　鍋島松濤公園は大名庭園が起源で、明治になってからは灌漑・防火用の溜池として活用されてきた（渋谷区松濤２丁目）

再開発系スリバチ事例２　東京ミッドタウンに隣接する檜町公園は谷戸の湧水池を起源とする。旧防衛庁跡地を檜町公園と一体開発した事例（港区赤坂９丁目）

再開発系スリバチ事例１　六本木ヒルズの毛利庭園の池は、毛利家上屋敷の湧水池（通称ニッカ池）を起源としている。日下窪と呼ばれた窪地と周辺台地一帯を再開発した代表的な事例（港区六本木６丁目）

スリバチの等級

東京スリバチ学会では、谷や窪地の「囲まれ度合い」によって、一から三までの等級を与え記録を続けている。まずは、単純に下りては上る、通常の谷地形を「三級スリバチ」と定義している。

次に三方向を丘で囲まれた窪地を「二級スリバチ」と呼んでいる。武蔵野台地の谷は、上流部に遡ると三方向を丘で囲まれた谷頭に辿り着けるのだが、こうした谷の先端部分（谷頭）が二級スリバチだ。

そして四方向を囲まれた正真正銘のスリバチ地形を「一級スリバチ」と呼んでいる。自然の河川がつくる河谷ではありえない地形だが、谷の出口が人為的に塞がれることで、「一級」と認定できる事例が都内でも多く発見されている。東京スリバチ学会が「聖地」と呼んでいる新宿区荒木町や、下の地形図と写真で示す港区の悪水溜が代表的事例であるが、第Ⅱ部でも興味深いエピソードを秘めた一級スリバチ事例を紹介してゆきたい。

一級スリバチ事例
悪水溜と呼ばれた四囲を丘に囲まれた窪地

旧悪水溜の窪地　目黒通りの裏手に潜む浅い窪地で、レンガの擁壁が溜水の名残として残る（港区白金４丁目）

若葉公園のスリバチ地形を俯瞰する　谷底が低層の住宅密集地、斜面地が寺院と墓地、そして丘の上に立つ高層建物が谷戸を囲んでいる様子がよくわかる。若葉公園を谷頭とするこの典型的な二級スリバチはかつて鐙ヶ淵と呼ばれていた（新宿区若葉3丁目・須賀町）

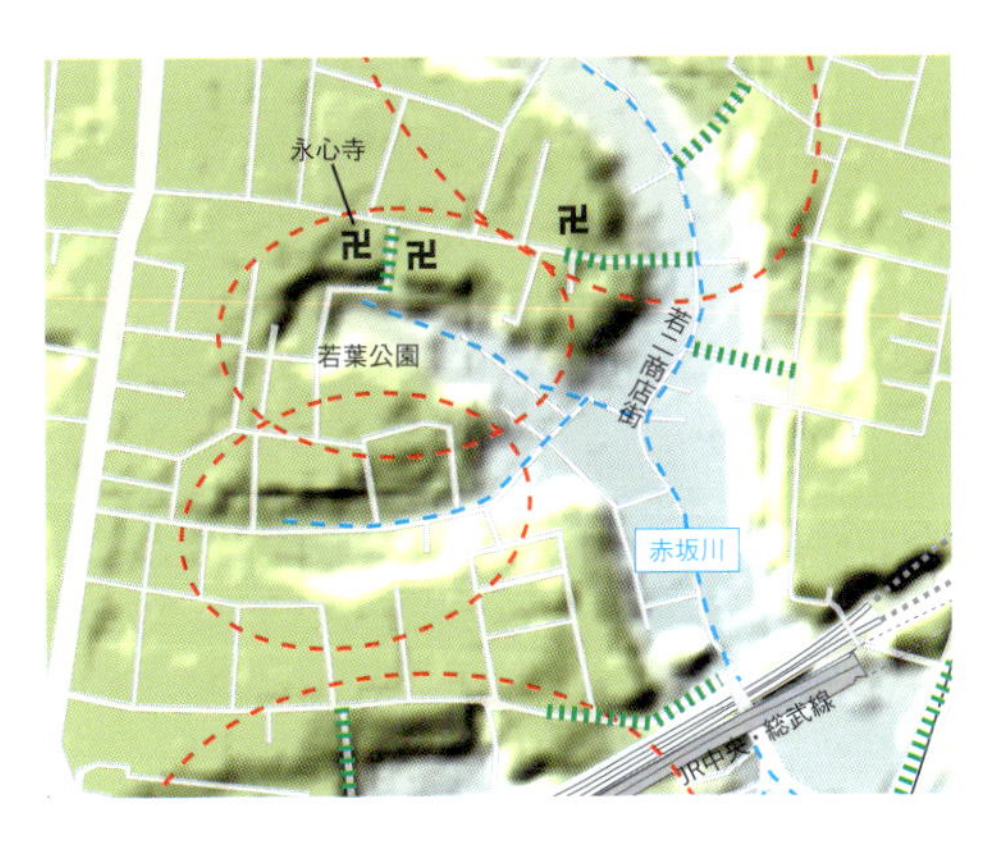

二級スリバチ事例
鮫河橋谷とその支谷群は、赤坂川の谷頭にあたる

裏原宿の名所　都内には坂下商店街が数多くあるが、渋谷川の暗渠路もいつしかキャットストリートとしてにぎわうようになった（渋谷区神宮前5丁目・6丁目）

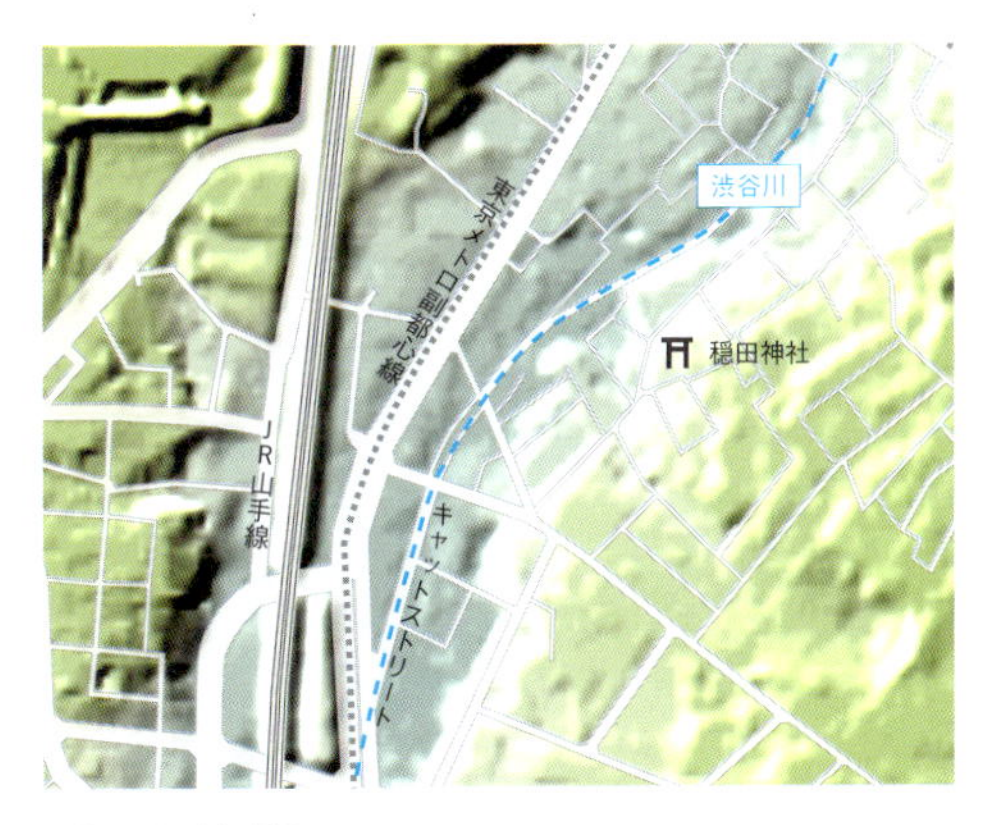

三級スリバチ事例
キャットストリート（渋谷川跡）の谷

2 スリバチの楽しみ方の深化

自分の足で歩くことがスリバチ地形を楽しむ基本ではあるが、地形にまつわる歴史的な変遷を古地図を使って振り返ったり、鳥の目線で地形を広域に眺めるのも一興である。ここでは楽しみが広がる2つの「手法」を紹介しておきたい。

歴史を歩んだスリバチ地形

近代以前に都市化が進んだ江戸・東京の都心部には、造成という土地改変の洗礼を回避したエリアが多く残る。その前提で、現在の標高データを1884年（明治17）に作られた参謀本部陸軍部測量局の「東京五千分ノ一図」（古地図史料出版株式会社）に重ね、凹凸加工を施してみた。地形と土地利用の相関や街路の変遷を見出す助けとなろう。

六本木ヒルズ周辺の地形図比較

芋洗坂の中腹には「北日下窪町」の文字が見える。六本木ヒルズの「毛利庭園」の起源、毛利家上屋敷の庭園内にあった池が、窪地の中央に残っているのもわかる。「けやき坂」付近には、養魚池と麻布十番方面へと流れる細い川もあったようだ

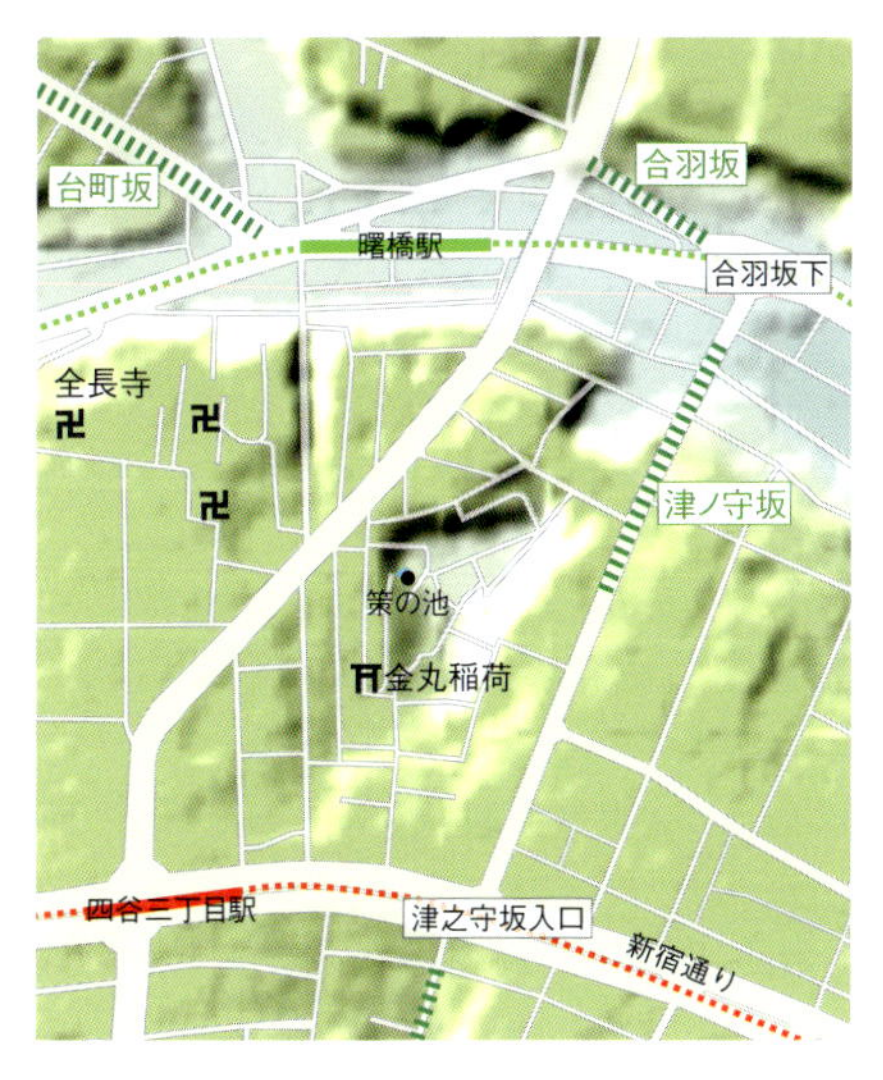

四谷荒木町周辺の地形図比較

松平摂津守の大名庭園にあったと思われる大きな池が、まだ残っている。池の西側、比較的大きく整形な建物は芝居小屋だろう。曙橋駅周辺や靖国通りとなる低地は、水田に利用されていたのもわかる。新宿通り（甲州街道）沿いのにぎわいとは対照的である

本郷菊坂周辺の地形図比較

菊坂の谷筋には町屋が並び、裏手に川が流れていた様子がわかる。西方町の台地に点在する邸宅の広さと対照的だ。この界隈は街路の構成もあまり変わっていない。白山通りとなる低地には、谷端川が流れていた

空から見たスリバチ

都心の代表的な展望スポットからの眺めと、カシミール３Ｄで作成した鳥瞰図を比べてみると、凹凸地形と町の成り立ちに深い関係性のあることがわかってくる。建物が地形の起伏を強調する様子は、町歩きの目線だけではなく、空からの目線でも観察できそうだ。ドローンによる空撮によって、東京独特の凹凸景観を楽しめる日が来るのを待ち望んでいる。

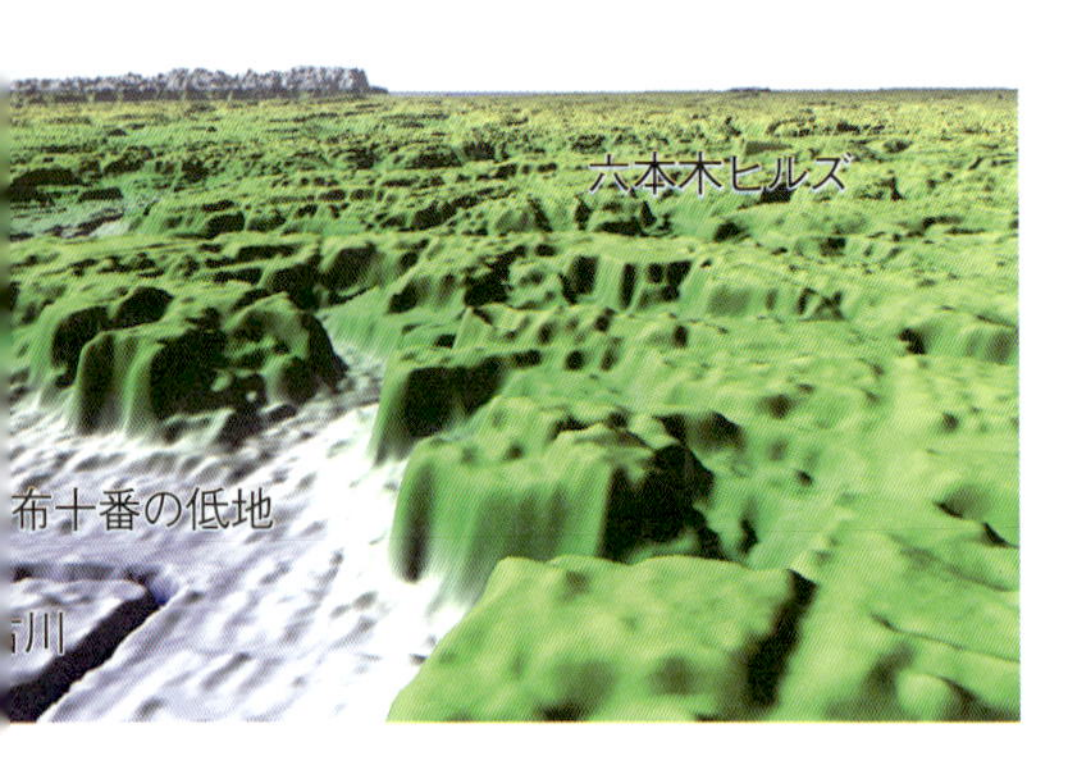

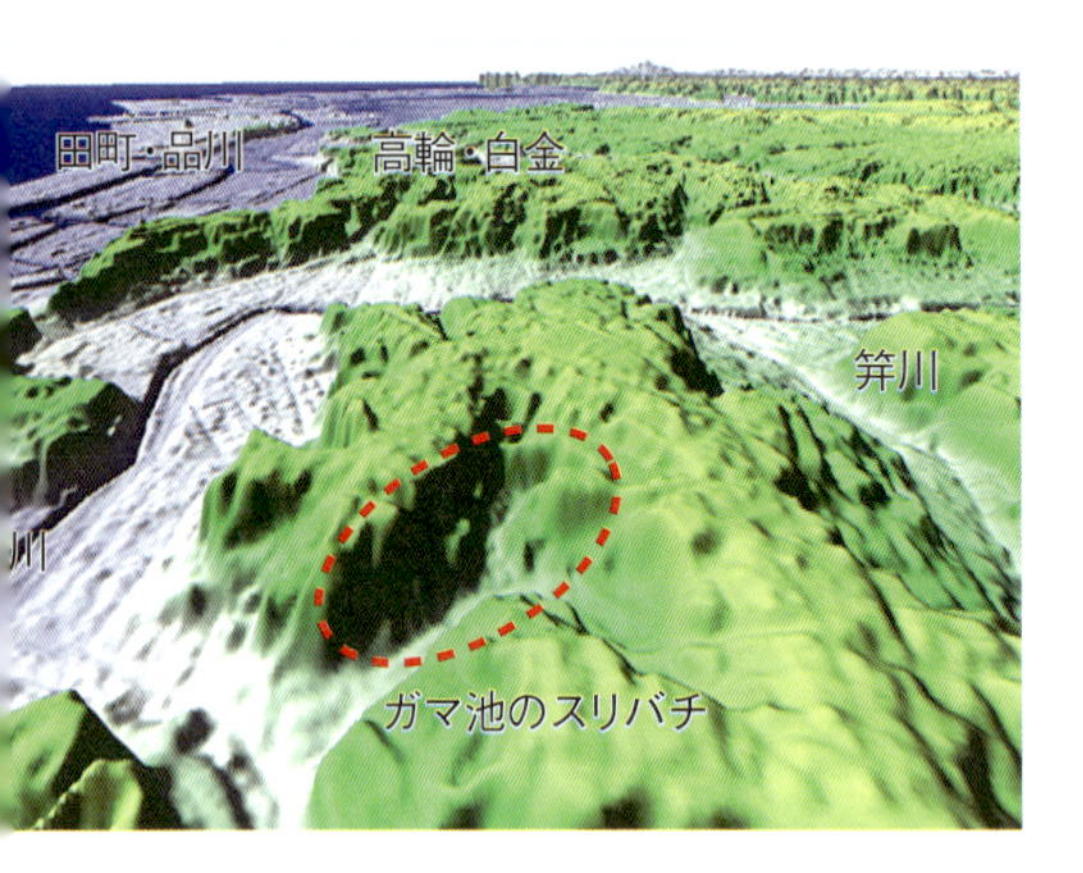

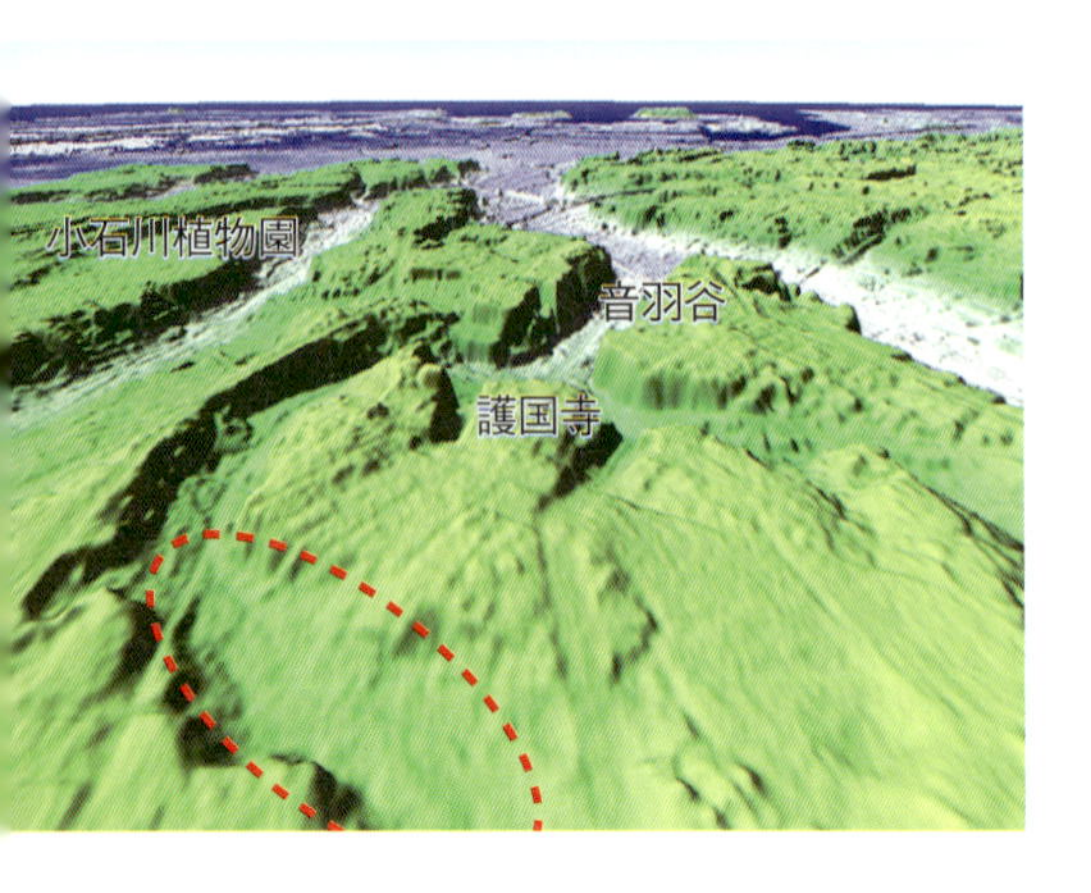

東京タワーからの眺め
六本木ヒルズ方面を眺めると、平坦な台地が続き、台地と低地では建物規模に違いがあることがよくわかる。すなわち、台地には中層・高層のビルが立ち並び、麻布十番の低地には小さな建物が密集している

六本木ヒルズ森タワーからの眺め
台地にはまとまった緑が多いのがわかるが、ガマ池のスリバチは、明らかに周辺の町とは構成が異なることも見て取れる。また、田町や品川の超高層ビル群は東京湾のビューを遮っているかのようだ

サンシャイン60展望台からの眺め
水窪川の流域は低層家屋が密集する地帯となっているため、空からの町の風景も何となく窪んでいる。緑に包まれた丘は護国寺で、直線的な音羽谷を正面に受け止める、地形的にもシンボリックなランドスケープといえる

3 スリバチが教えてくれたこと

東京の凹凸地形をひとり歩いていると、山あり谷ありの人生を顧みることがある。第Ⅰ部の最後に、スリバチ地形が教えてくれた「スリバチポエム」と呼んでいる、いくつかのフレーズを紹介しておきたい。

「わき道に逸れてみたら、そこはスリバチだった」

『増補改訂 凹凸を楽しむ 東京「スリバチ」地形散歩』の書き出しで用いたフレーズである。

東京のメインストリートは尾根筋を辿ることが多いが、1本裏通りに入ると、谷や窪地が隠れていることがある。尾根筋の表通りからだけでは決して窺い知ることのできない、スリバチ地形に佇む意外な別世界が、東京の町の魅力でもある。通い慣れた道やメインストリートから逸れた「わき道」や「すき間」にこそ、実は大切な何かが待っていることがあるのだ。これは寄り道をする「心のゆとり」

東京スリバチ学会発祥の地・薬研坂　表通りである青山通りの裏手に潜む黒鍬谷。その谷を越える坂が薬研坂で、見事なスリバチ景観が楽しめる（港区赤坂４丁目）

に対するエールだと思っている。

「町の窪みは海へのプロローグ」

何気ない町の窪みは谷へと続き、谷はいくつもの支谷を合わせながら、やがては大海原へと辿り着く。水の流れがつくった谷だから、辿ってゆけば海へと続くのは当然といえるが、実際に谷を辿ってみると、意外な町と町が川で繋がっている事実に気づくのである。川はもともと飲料用や工業用に限らず、舟運など都市の輸送手段にも活用され、水系という別の次元・レイヤーで町のネットワークが構成されていたのだ。「水」によって繋がり合う「水系」、あるいは町と町の関係性は、鉄道や道路を介して都市の平面構成を理解している自分たち現代人にとっては、新たな都市の見方を示唆している。

「窪みをめぐる冒険～冒険を忘れた大人たちへ～」

町の窪みを低いほうへと辿るのではなく、窪みを上流へと遡ってみれば、谷頭の水源へと辿り着くこともできる。

町中の窪み　宇田川の水源近くの窪み。この一帯はかつて狼谷と呼ばれていた（渋谷区西原2丁目）

住宅地の窪み　呑川柿の木坂支流の谷（目黒区柿の木坂2丁目）

スリバチ状の谷は湧水による侵食作用で生まれた地形も多く、都市化の進んだ現代の東京にあっても崖下からの湧水は枯れずに生きている場合があるからだ。谷や窪地には、鏡のような水面がひっそりと残り、都会の癒しの場、あるいは聖なる場だったりする。窪みの先でこうした意外性のあるパワースポットと出会えるのも、スリバチ巡礼の楽しみのひとつだ。東京砂漠と呼ばれようが、今でも水の湧くオアシスは健在なのだ。

そしてこの水源探索は、山岳地帯に赴くまでもなく、東京にいながら、思いたったら気軽に行ける「冒険」なのだ。降雨量に恵まれた東京では、名もなき川まで含めれば、星の数ほどのスリバチ（源流）が待っているのだ。私たちはまだ、冒険をあきらめてはいけない。

「谷で出会えるのはムーミンだけではない」

谷間の町には人が集まる。渋谷の町を代表例に、谷筋に発達した町としては谷中や麻布十番、原宿のキャットストリートや穏田商店街などが挙げられよう。さらに、スリバ

パリ・サンクン広場　マレ地区はセーヌ川流路跡の窪地でパリの中でも下町風情がある。いつも人でにぎわうポンピドーセンター前の広場は、窪地の再解釈ともとれる（パリ、マレ地区）

上＝**スリバチ状のカンポ広場**　山岳都市シエナのカンポ広場は、スリバチ状でありヨーロッパでもっとも美しい広場と評される（イタリア、シエナ）／中＝**新宿御苑**　窪地や斜面があると、人はくつろぎやすい（新宿区内藤町）／下＝**スリバチ状の屋上庭園**　商業ビルの屋上にスリバチ状の広場が創出されている好例（渋谷区神宮前4丁目）

チ状の空間に人が溜まる様子は、世界の至るところで観察できる。例えば、ヨーロッパの町かどには必ずといっていいほどに広場が存在するが、それらの中には地形的な窪地を利用した魅力的な例も散見される。軒のそろった建物が広場を取り囲む様はまるでスリバチのようで、町のリビングルームとも呼べそうな、人々が憩う場（パブリック・スペース）を提供していたりする。

また、建築的な専門用語でいえば、建物における平面図上の窪みを「アルコーブ」と呼んだりするが、これは人が溜まりやすく、やすらぎのある私的空間をつくる手法として、しばしば用いられているものである。

谷間やスリバチ状の空間に魅せられるのは、万国共通の人の心理、あるいは行動原理なのかもしれない。谷に魅せられるのは「ムーミン谷」で暮らすムーミンたちばかりではないのだ。

Ⅱ

「スリバチ」を歩く

～断面的なまち歩きのすすめ～

新宿

谷に囲まれた宿場町

Shinjuku

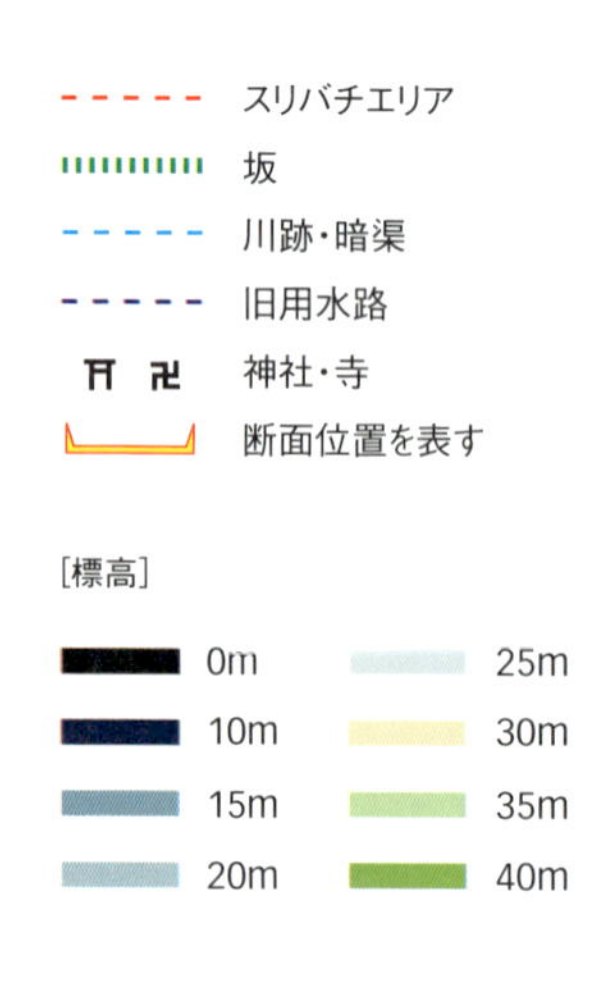

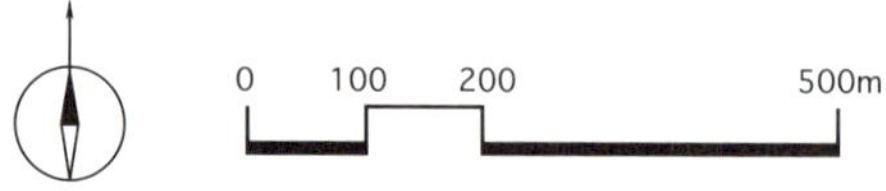

神田川
蜀江坂
新宿税務署
北新宿百人町
新宿区
淀橋咳止地蔵尊
淀橋
①歌舞伎町の窪地
成子天神社
成子天神下
西新宿駅
青梅街道
JR中央線
JR山手線
西武新宿線
西武新宿駅
歌舞伎町公園
常圓寺
常泉院
新宿西口駅
新宿区役所
③雷が窪
エルタワー
新宿駅
神田川助水堀
都営大江戸線
都庁前駅
熊野神社
東京都庁
新宿中央公園
都営新宿線
甲州街道
京王線
⑤十二社の窪地
十二社通り
東京メトロ副都心線
文化服装学院
西参道口
正春寺
④原宿分水の谷
南新宿駅
代々木駅
千駄ヶ谷
渋谷区
原宿分水
小田急小田原線
首都高速中央環状新宿線
首都高速4号新宿線
初台駅
北池の谷
明治神宮宝物殿
参宮橋

新宿は丘の町である。

町の起源は、江戸四宿の１つ「内藤新宿」。尾根筋を辿る甲州街道の宿場町が起源なら、丘の町であるのも頷けよう。もともと甲州道中の最初の宿駅は「高井戸宿」で、日本橋からの距離が四里二町（約16㎞）もあったため、中継ぎの宿場として１６９８年（元禄11）、内藤家の屋敷の一角に新しい宿場町「内藤新宿」が開設されることとなった。この地の他にも「新宿」と呼ばれた宿場町は品川宿などにも存在したが、一般名称が固有名称に昇格したのが、誇り高き丘の町・新宿なのだ。現在では乗降者数世界１位を誇る新宿駅が町の中心ではあるが、宿場町でにぎわっていたのは、駅東口から３００ｍほど東へ行った、甲州街道と青梅街道の分岐点「新宿追分」、現在の新宿３丁目交差点付近である。

西新宿一帯には、２００ｍクラスの超高層ビルが林立している。ここはもともと広大な淀橋浄水場のあった台地である。かつての上水施設は、自然流下で遠方まで水を到達させる必要があったため、位置エネルギーを保持すべく、谷を避け尾根筋を流路に選んだ。近代水道としての玉川上水を経た水が辿り着いたのが、平坦で標高の高い台地、淀橋浄水場であり、沈殿・濾過された上水はここから市内各所へ給水された。広大な浄水場は、戦後に東村山へその機能を移し、その跡地は西方へと拡大を続ける東京の「副都心」としての再開発地となった。

広大な敷地を活かすため、大街区・高容積の新しい町づくりが目指され、浄水場のあった台地には、「建物は地形の高低差を強調する」という「スリバチの第一法則」をまさに具現化するように、超高層ビルによる新街区が出現した。大街区の方針は浄水場跡地周辺地域にも波及し、高台の地所を中心に超高層ビルによる開発が続き、摩天楼が群れを成して空を目指す独特な都市景観が生まれた。屹立した新宿のビル群が遠くからでも見えるのは、台地の下駄履きのおかげでもある。ただし新街区の足元地盤面は、地所が駅周辺などよりも掘り下げられていることが現地に行くと理解できる。それこそが、かつての沈殿池底面の痕跡なのである。

新宿という丘の町の周囲は、忘れられがちな谷が取り囲んでいて、町の境界を成している。六本木や麻布と同様に、新宿も「谷あっての丘」であることに変わりはない。華やかなショッピング街やビジネス街のすぐ足元にも谷は迫っている。まずは、意外と知られていない、新宿の谷を巡ることから始めよう。

① 歌舞伎町の窪地

新宿駅から歌舞伎町へ向かうとき、なだらかな下りスロープとなっていることを意識する人は少ないと思う。夕刻に歌舞伎町へと向かう人々の足取りが何気に軽やかなのは、仕事帰りの陽気な気分に起因するものだけではない。このなだらかな谷をつくったのが蟹川（かにかわ）、すなわちグランド・スリバチ＝大久保の母なる川だ。緩やかに窪んだ歌舞伎町一帯にはその昔、鴨池（別称・大村邸の鴨池）と呼ばれた大きな池があった。池

池底面につくられた新都心　都庁をはじめとして、新街区の超高層ビルはかつての沈殿池底面を地盤面（１階）として立っている（新宿区西新宿２丁目）

歌舞伎町弁財天　沼のあった証のように、弁財天が歓楽街の中にひっそりと残されている（新宿区歌舞伎町１丁目）

の畔にあった弁天様が歌舞伎町公園の傍らにひっそりと祀られているのがその名残だ。また、ゴールデン街から新宿区役所あたりまでの窪地は本多対馬守の下屋敷で、「本多の池」という池があった。そして、それらの池や湿地を見下ろす小高い丘に建立されているのが、内藤新宿の氏神である花園神社である。

② 太宗寺の窪地

靖国通りを東へ向かうと、わずかに下っては上る緩やかな坂がある。この対の坂は「かめわり坂」と呼ばれ、この窪みは蟹川支流の河谷上流部にあたる。谷頭にあるのが太宗寺で、ここから流れ出た支流は、新宿文化センターあたりで蟹川本流と合流していた。

太宗寺は内藤家の菩提寺で、内藤新宿が1698年に起立してからは、宿場の発展とともに寺も参拝客でにぎわった。境内には水の湧く大きな池があったとされる。

③ 雷が窪

新宿駅西口、新都心歩道橋の架かる交差点は周囲よりもわずかながら窪んでいる。地形的な繋がりで見ると、歌舞伎町の窪み、すな

右＝花園神社の丘　ゴールデン街から眺めると、花園神社は丘に建立されていることがよくわかる（新宿区歌舞伎町1丁目）／左＝**かめわり坂**　靖国通りのわずかな窪みにも、かめわり坂の名がつく（新宿区新宿5丁目）

わち蟹川侵食谷の谷頭にあたる場所で、昔は「雷が窪」と呼ばれていた。常圓寺や常泉院はその谷頭周縁部に立地している。このあたりは江戸時代、松平摂津守の下屋敷があった場所で、「策の井」という名水の井戸もあったとされる。荒木町（松平摂津守上屋敷）にも同じ名の池が残っている。

④ 原宿村分水の谷

マニアックな窪みばかりではなく、わかりやすい谷も紹介したい。甲州街道沿いの文化服装学院の裏（渋谷区代々木3丁目付近）を谷頭とする谷筋がある。このあたりは玉川上水跡・京王電鉄の軌道跡などが錯綜しているため、地形マニア・地図マニア・鉄ちゃんなどが注目するエリアでもある。

さて、谷筋に流れていたのは玉川上水原宿村分水という渋谷川の一支流で、蛇行しながら南東へと流れ、千駄谷小学校東の坂下を経て、原宿で渋谷川（現在のキャットストリート）へと合流していた。かつては水田に利用された谷戸で、宅地化された現在でも、幾筋かの水路跡を確認することができる。谷を流れた川は一筋ではない。暗渠巡りで迷うことは間違いではなく、正解をひとつに決めつける

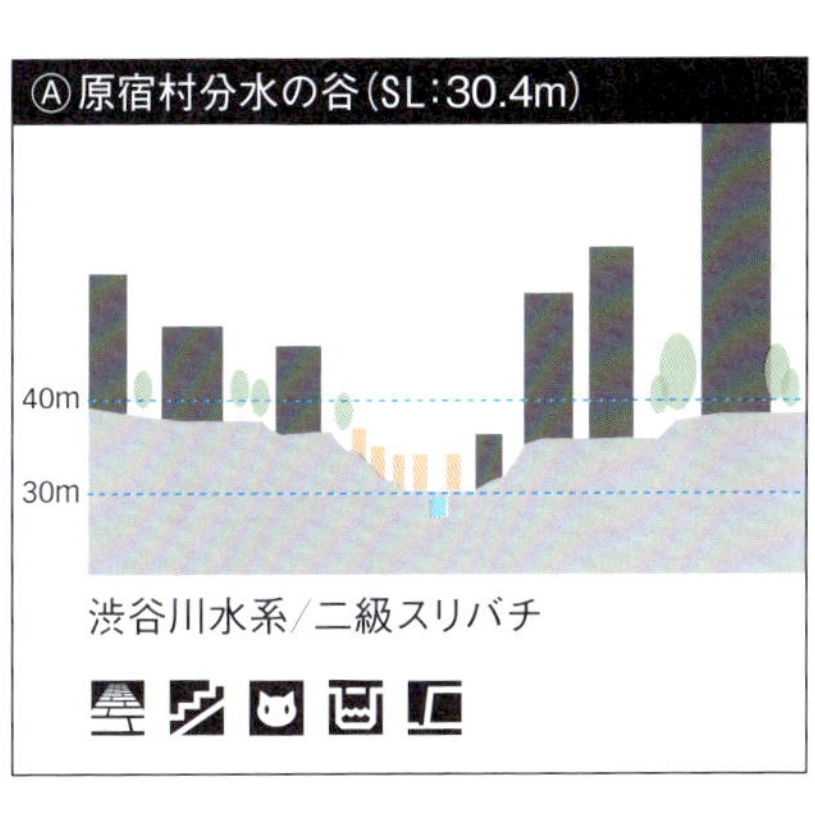

原宿村分水の川跡　甲州街道裏には湾曲した流路跡が残されている（渋谷区代々木3丁目）

十二社の窪地の断面展開図

原宿村分水の谷頭　もともとは自然河川だった原宿村分水の水源は諦聴寺境内にあったと思われる（渋谷区代々木３丁目）

こと自体が誤りなのかもしれない。

この谷筋を跨（また）ぐ小田急線南新宿駅の開業当時の駅名は「千駄ヶ谷新田」であった。駅周辺には、かつての氾濫原に発展した商店街が続き、背後にそびえる丘の西新宿超高層街区と極めて対比的な景観を形成している。

右＝角筈熊野十二社俗称十二そう 歌川広重『名所江戸百景』［1856年（安政3）］中に描かれたもの（国立国会図書館蔵）／左＝**十二社の窪地** 十二社の池があった一帯は、周囲よりも若干窪んでいる（新宿区西新宿4丁目）

⑤ 十二社の窪地

摩天楼が立ち並ぶ西新宿超高層街区と、古くからの低層住宅密集地の間、緩衝帯のように挟まれているのが新宿中央公園だ。その西を走る十二社（じゅうにそう）通りの建物裏に潜む窪地の存在を知る人も少ないと思う。このあたりには江戸時代、十二社の池（熊野神社の御手洗池）と呼ばれた大きな池があり、高さ1m・長さ4mの滝もあり、江戸西郊の行楽地としてにぎわっていた。『江戸名所図絵』や広重が描いた『名所江戸百景』で、今とは別世界の往時の風情を知ることができる。江戸時代このあたりは角筈村（つのはずむら）と呼ばれ、村には紀伊国熊野から三所権現（さんしょごんげん）・四所明神（ししょみょうじん）・五所王子（ごしょおうじ）、合わせて十二所を勧請した社があり、初めは十二相殿といったものが、十二社と呼ばれるようになったものである。

行楽地としてにぎわった十二社の池も、1897年（明治30）の浄水場建設でその多くが埋め立てられ、一時は寂れたらしいが、第一次大戦後の好況で行楽地よりも花柳街としてふたたび活気を取り戻したという。十二社の池の周りには茶屋が並び、池には屋形船も浮かんでいた。明治から大正時代にかけては、池にボートや屋形船を浮かべ、料理屋に芸妓を呼んで遊ぶ風潮があったのだ。水辺に誘われるように遊興の町が育まれた点が、スリバチの聖地・新宿区荒木町と共通する。

なお、十二社の窪地の下流、青梅街道が神田川を渡る橋が淀橋で、かつての町名・区名に採用され、スリバチの宝庫・われらが淀橋台にもその名を残す由緒ある橋である。もともと「姿不見橋（すがたみずはし）」と称したものを、三代将軍家光が遊猟の際に不吉とし、京都の淀川に似ていたので改名させたものだという。

⑥ 新宿御苑の谷

広大な新宿御苑はかつて高遠藩内藤家中屋敷だった場所で、渋谷川の水源のうち、2つの流れがこの一帯から発している。1つは玉川上水の余水。玉川上水は四谷大木戸に水番小屋を置き、江戸市中への給水調整を行い、余った水や塵芥（じんかい）を渋谷川の谷頭へと落としていた。また、屋敷の一角に玉川園と呼ばれる庭園を築く際、谷頭で玉川上水の水を引き込んだのが玉藻池だ。

新宿御苑　谷間に水を湛えた広大な庭園は、まさに都会のオアシスといえる。この池は明治期に整備されたもの（新宿区内藤町）

玉川上水余水吐の流路跡　新宿御苑の横にかつての流路が残る（新宿区内藤町）

渋谷川のもう1つの源流は、天龍寺境内にあった弁天池からの流れで、江戸切絵図にその様子が描かれている。天龍寺は、江戸市民に時刻を知らせる「時の鐘」があった寺として知られているが、江戸にはこの他にも、上野や本所、浅草寺など10カ所の鐘が設けられていた。ちなみに複数の鐘を持つのは江戸だけで、大阪・京都でも町に1カ所だけであり、拡大した江戸の町の広大さを物語っている。

天龍寺から発した流れは、新宿御苑内の上ノ池・中ノ池・下ノ池が連なる細長い谷へと続く。一帯は旧町名で千駄ヶ谷大谷戸町と呼ばれた湿地帯だった。

新宿御苑が現在のように一般に公開されたのは1949年からで、それ以前は農業試験場や宮内庁管轄下の新宿植物御苑として使われてきた。近年、新宿御苑内には玉川上水の流れに沿って「玉川上水・内藤新宿分水散歩道」も整備された。大都会に残された新宿御苑という、貴重な公園系スリバチに感謝したい。

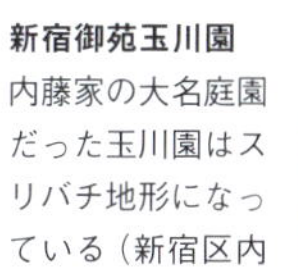

新宿御苑玉川園 内藤家の大名庭園だった玉川園はスリバチ地形になっている（新宿区内藤町）

内藤新宿分水散歩道 この地に玉川上水の流れがあったことを伝える水景施設（新宿区内藤町）

天龍寺の時の鐘 時の鐘で知られる天龍寺は、渋谷川の水源の1つでもある（新宿区新宿4丁目）

池の袋とはどこか？

池袋
Ikebukuro

JR埼京線
池袋駅
上池袋交番前
⑤雲雀ヶ谷戸
⑥上池袋の谷
子安稲荷神社
上池袋
中央公園
上池袋公園
JR山手線
六ッ又陸橋
東池袋3丁目
春日通り
東京メトロ丸ノ内線
サンシャイン
シティ
小路
IKE・SUN
PARK
水窪川
東池袋
③水窪川の谷
東池袋駅
東池袋四丁目駅
都電雑司ヶ谷駅
都電荒川線
弦巻川

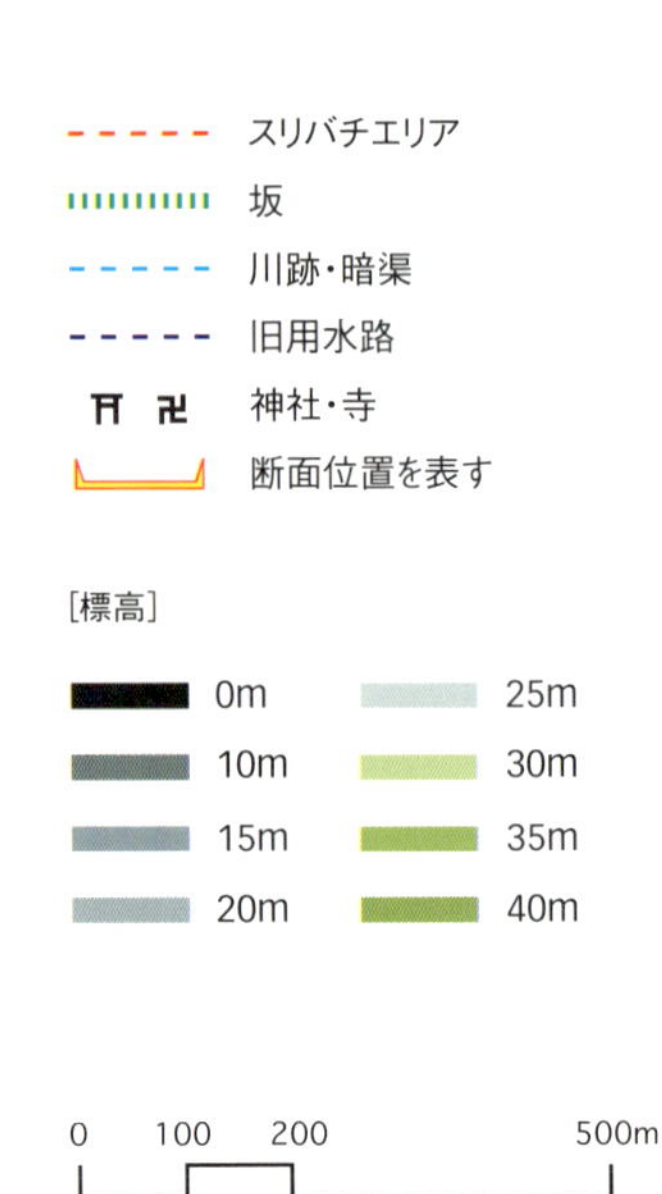
スリバチエリア
坂
川跡・暗渠
旧用水路
神社・寺
断面位置を表す
[標高]
0m
10m
15m
20m
25m
30m
35m
40m
N
0
100
200
500m

氷川神社
池袋本町
川越街道
板橋区
熊野町
南町
④谷端川の谷
高松小学校前
谷端川
首都高速5号池袋
富士浅間神社
首都高速中央環状新宿線
池袋二葉通り
御嶽神社
三社神社
⑦御嶽神社下の谷
池袋2丁目
要町駅
トキワ通り
東京メトロ有楽町線
山手通り
池袋駅
豊島区
立教大
東京芸術劇場
池袋駅
ホテル
メトロポリタン
池袋警察署前
長崎神社
西武池袋駅
金剛院
南池袋1丁目
椎名町駅
自由学園
明日館
西武池袋線
②自由学園下の谷
①弦巻川谷頭
目白庭園
明治通り
目白3丁目
目白通り
鬼子
新宿区
目白駅

池袋は、湿っぽいその名のイメージからか、あるいはどこか垢抜けない町の印象からか（自分も8年間住んでいた馴染み深い町なのでお許し願いたい）、谷あるいは低地の町と思われがちだが、意外にも高貴なる丘の町なのだ。そのことを象徴するように、立教大学が池袋駅西口の広大な一帯を占めているし、西口駅前（現在の東京芸術劇場などが立つ一帯）には師範学校も立地した、風薫る文教の町なのである。

一方の東口から少し離れた、台地の端の東京拘置所跡には、1978年に再開発によってサンシャインシティが誕生し、台地コンシャスな60階建ての超高層ビル・サンシャイン60がそびえたつ。サンシャイン60は、完成した1978年から東京都庁舎が完成する1991年までの間、堂々たる日本一のノッポビル（高さは240m）であった。今では竣工時、東洋一の高さを誇ったことを知る人も少なくなった。

山の手副都心の1つとして発展を続ける池袋のにぎわいは、山手線に新駅ができた大正時代以降のもので、古くから花街としてにぎわっていた大塚駅周辺などよりも、実は歴史が浅い。終戦直後には池袋駅東西に闇市が形成され、その後の戦災復興事業で道路が拡幅・整備され、現在のような比較的整然とした町並みに生まれ変わった。

それでは、台地の町を「池袋」と呼ぶ理由は何なのだろうか。地名の由来には諸説あるが、その真意を確認するためにも、台地を縁取る谷を探索してみよう。

① 弦巻川谷頭の窪地

池袋駅西口、ホテルメトロポリタン前に「いけふくろう」のモニュメントのある小さな公園があり、周辺よりもわずかばかり窪んでいることが現地に行くとわかる。ここはかつて丸池と呼ばれた清水の湧き出る池があり、弦巻川（つるまきがわ）の水源といわれる場所である。このあたりは「池谷戸」とも呼ばれ、いくつかの湧水がある鬱蒼（うっそう）とした樹林帯であった。そうした地名の由来を解説する案内板が現地に設けられている。ちなみに、ここから発した弦巻川は、雑司が谷のなだらかな谷を刻み、護国寺前の音羽谷を経て、江戸川橋あたりで神田川へ注いでいた都市河川である。

② 自由学園下の谷

豊島区立目白庭園の北に谷頭を持つ小さな谷筋が、西武池袋線の高架下で弦巻川に合流している。この河谷の流路跡が、池袋と目白の境界にもなっている。この谷を見下ろし、わずかに傾斜した南斜面地に立つのが自由学園明日館(みょうにちかん)だ。明日館は、帝国ホテルの設計も手がけたアメリカ人建築家フランク・ロイド・ライトの設計で、1921年（大正10）の竣工。現在は国の重要文化財に指定され、館内施設は一般に有料で貸し出されている。「草原様式」といわれる伸びやかなデザインが、高燥の丘にマッチしている。

右＝ホテルメトロポリタン前の窪み　このわずかながら窪んでいる一帯では多くの湧水があり、弦巻川の流れをつくったとされる（豊島区西池袋1丁目）／左＝**自由学園明日館**　高さを抑え、台地を這うような佇まいは、草原洋式（プレーリースタイル）と呼ばれる（豊島区西池袋2丁目）

③ 水窪川の谷

東京メトロ有楽町線東池袋駅の北に、美久仁(みくに)小路と呼ばれる、昭和レトロな雰囲気の飲食街が残っている。この一帯は周囲よりもわずかばかり窪んでいて、水窪川の谷頭といわれる場所である。ここより下流域、サンシャインシティ南側の東池袋4丁目界隈は、近年の再開発によって町の様子が激変したが、地形的な窪みは健在だ。さらに下流側の東京さくらトラムと寄り添う日の出町商店街あたりでは、水窪川の暗渠路と細い路地が絡み合い、しっとりとした山の手谷町の風情を味わえる一角も残る。水窪川は護国寺の丘を迂回するように流れ、音羽谷を先の弦巻川と並行するように南下して、神田川に注いでいた。

美久仁小路の夕暮れ　水窪川の水源近くは周囲よりも窪んだ飲食街となっている（豊島区東池袋1丁目）

④ 谷端川の谷

池袋の台地に忍び寄る、水窪川と弦巻川の2つの河谷とは対照的に、池袋の丘を縁取るような、なだらかな谷がある。池袋の町を迂回するように流れていたのは谷端川(やばたがわ)と呼ばれた都市河川で、下流では千川あるいは小石川とも呼ばれる神田川の一支流である。谷端川は、豊島区要町にある粟島神社の弁天池が水源とされるが、1696年（元禄9）に千川上水から分水を受け、長崎村・池袋村の田畑を潤していた。

谷端川流域の低地には昭和の初めにアトリエ付きの借家が多く建てられ、延べ１０００人を超える芸術家・作家が住み着いていたという。その独特の芸術文化圏をパリのモンパルナスに倣って、詩人の小熊秀雄は「池袋モンパルナス」と名づけた。借家群は谷端川沿いの低地に数カ所設けられ、みどりが丘やひかりが丘、さくらが丘など、地形的には相反する名がつけられていたようだ。ここから名を成した画家・熊谷守一(くまがいもりかず)の自宅跡が現在、熊谷守一美術館となっている他は、アトリエ村の痕跡を見つけることはできない。

谷端川は現在暗渠化され、その川跡は「谷端川緑道」という遊歩道に整備されて生活道路の一部となっている。遠くに池袋の喧騒を聞きながら、足元から聞こえる水の流れる音に導かれるように、芸術家の愛した谷間を周遊できる。

さて、宅地開発される以前の谷端川沖積地は、多くが水田として利用され、谷端川は灌漑目的の用水路としての役割も担っていた。流域一帯は、緩い勾配の広

粟島神社と弁天池　谷端川の源流にあたる場所には湧水を溜めた池が残る（豊島区要町２丁目）

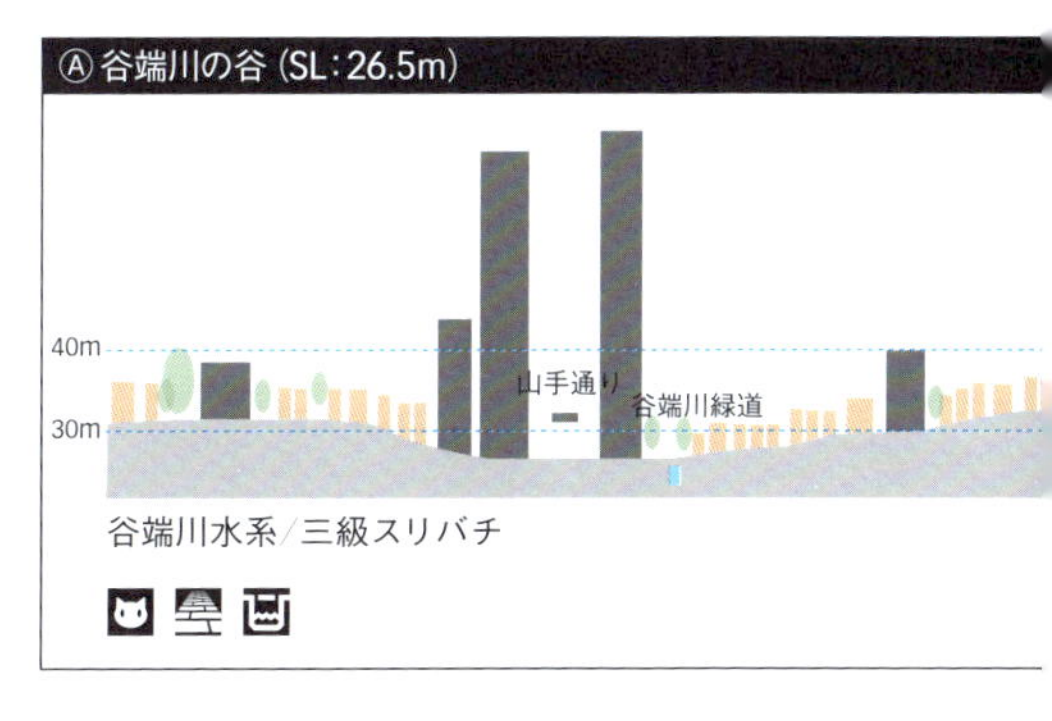

池袋本町を囲む谷　なだらかで浅い谷底は湿地（池）のような土地柄だったのであろう（豊島区池袋本町１丁目）

谷端川緑道　暗渠化され遊歩道となった谷端川（豊島区池袋本町２丁目・板橋区熊野町）

い凹状の低地が続くため、大雨の際は水田一帯が遊水池として機能したと想像できる。とすれば一帯は、袋のように水を溜める一大遊水池であり、池袋という地名はその地形的特徴をいったものだとも推論できる。

もう1つ、古地図からも検証を加えておきたい。池袋という地名が最初に登場したのは『御府内備考（ごふないびこう）』（1854年・嘉永7）の附図と思われる。この附図自体は江戸時代に、幕府の昌平

迅速図（明治19年）で描かれた池袋村　池袋村を囲む湿地（水田）が描かれている（出典：農研機構農業環境研究部門）

坂学問所で編纂されたものだ。それによると、池袋村とは非常に広い範囲を呼んでいたようで、東は巣鴨村、北は滝野川村、西は長崎村、そして南は雑司ヶ谷村と高田村に接するエリア全体を指していた。街道筋や低地・窪地で発展する周辺の村々と比べ、池袋村は畑地の広がる寒村だったようだ。水が得やすく開発が進んだ谷戸の村々から取り残された、高燥の台地一帯をそう呼んでいたものだろう。袋という地名には、川の蛇行によって袋状に囲まれた土地を指すとする説もあり、「池のような湿地帯が袋状に囲む台地」という解釈も成立しよう。広域な地形図からすれば、最後の解釈が妥当とも思える。

⑤ 雲雀ヶ谷戸

緩やかな谷端川のつくった谷にもいくつかの支谷が存在している。その1つが池袋本町のなだらかな支谷で、かつては「雲雀ヶ谷戸」とも「下がり谷」とも呼ばれた。その沖積地には池袋協和会の名がつくのどかな商店街が東武東上線下板橋駅まで続く。河谷の頭はドライバー泣かせの六ツ又陸橋下、エトワール型（放射型）交差点あたりだ。パリのエトワール広場（シャルル・ド・ゴール広場）は、中心である凱旋門を囲むロータリーから、道路が放射状に延びていることから名づけられたものだ。広場はなだらかな丘の高まりに位置し、凱旋門が頂で地形の凸凹を強調するようなシンボリックなランドスケープを成している。一方、池袋のエトワール型交差点では、交差部が周囲よりも窪んでいて、二段の高速道路が交差点に覆い被さってその象徴性を隠しているかのようだ。ちなみに谷頭の細い暗渠路が、六ツ又交差点に7つ目の放射状道路として参加していることを知る人は少ない。

雲雀ヶ谷戸の谷筋は途中で埼京線やJRの池袋車両基地によって途切れるため少々辿りにくいが、上池袋2丁目の上池袋公園脇には水路跡が残るし、山手線の切通し断面を見れば、確かに谷の存在を確認できる。

⑥ 上池袋の谷

西巣鴨陸橋の北側から始まり、西巣鴨1丁目で谷端川へ合流する700mほどの短くて小さな谷がある。川の流路は狭い路地に置き換えられ、住宅地の隙間を縫う風情たっぷりの暗渠路が冒険心をくすぐる。谷間にある上池袋中央公園では、沖積地のシンボルでもある井戸がモニュメンタルに復元されている。

⑦ 御嶽神社下の谷

もう1つの支谷は、池袋西口一帯の鎮守の杜・御嶽(みたけ)神社下にある長さ400mほどの小さな谷で、かつての流路は暗渠の路地として残り、地元の生活道路として活かされている。御嶽神社は天正年間(1573〜

雲雀ヶ谷戸の谷頭　六ツ又交差点に7つ目の路として加わる暗渠路(豊島区池袋本町1丁目)

上池袋支流暗渠路　その先を知りたくなる谷端川支流の情緒ある暗渠路(豊島区上池袋1丁目)

1592年）創建といわれる池袋村の村社だ。この谷を挟むように両側の尾根筋には池袋三業通りとトキワ通りがあり、池袋の中心繁華街の喧騒とは無縁な、のんびりとした商店街が続く。池袋周辺にはのどかな「山の手の下町」風景が、今でも残されていることに驚かされる。

御嶽神社　小さな谷を見下ろす台地に池袋村の鎮守・御嶽神社が祀られている（豊島区池袋3丁目）

御嶽神社下の暗渠路　住宅地の裏にひっそりと残された暗渠路（豊島区池袋3丁目）

暗渠路近くのスリバチ公園　沖積低地で多く見られた浅井戸が上池袋中央公園内に復元されていた（豊島区上池袋1丁目）

スリバチあっての丘
高輪・白金

Takanawa & Shirokane

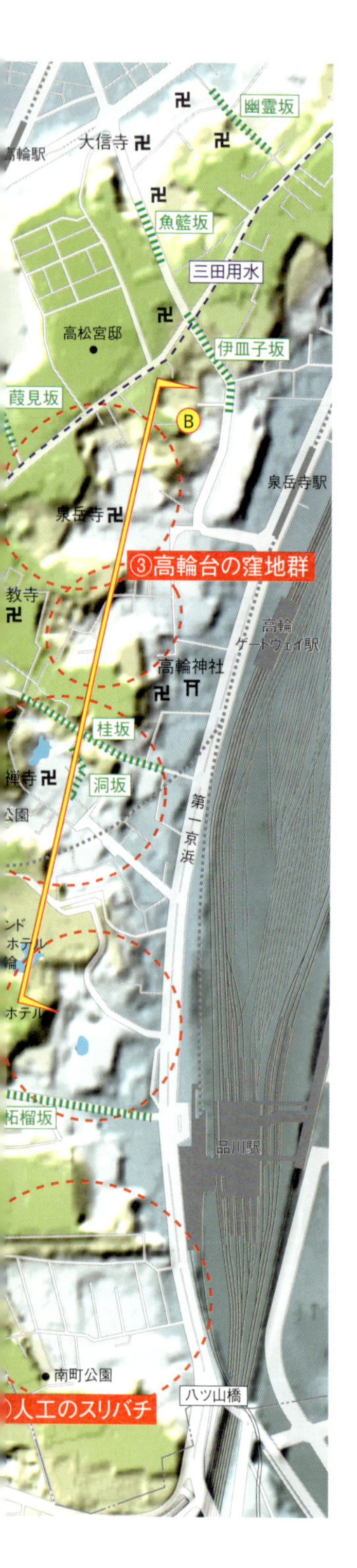

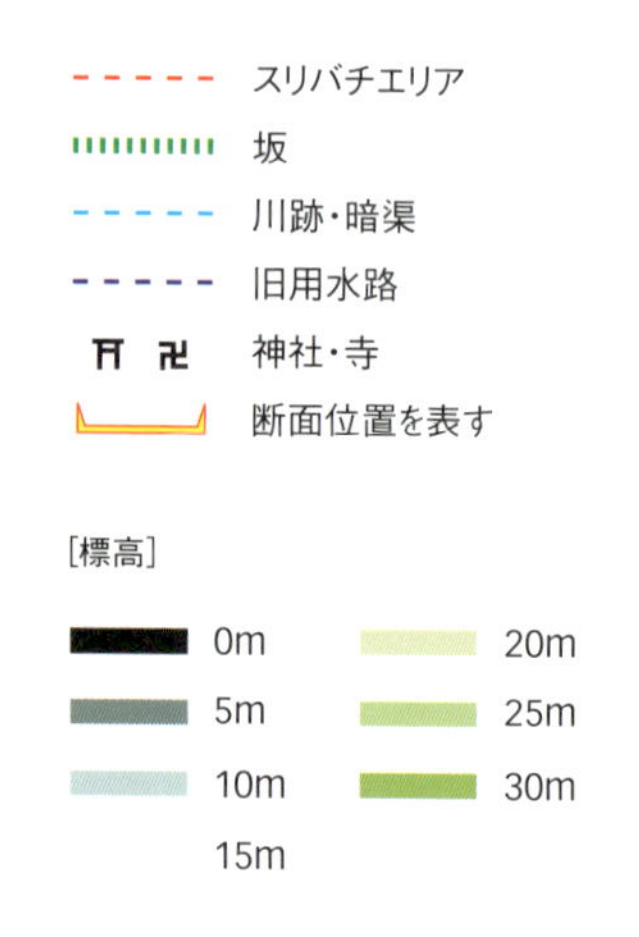

白金三光町支流
白金分水
三光豊沢連合商店街
蜀江坂
三光坂
専心寺
氷川神社
聖心女子学院
高等科
外苑西通り
首都高速2号目黒線
白金三光町支流の窪地
正源寺
東京大学
医科学研究所
附属病院
②自然教育園の窪地
日吉坂
悪水溜の窪地
①樹木
国立科学博物館
附属自然教育園
プラチナ通り
目黒通り
八芳園
明治学院大
白金台駅
瑞聖寺
白金台
①玉名川の谷
東京都
庭園美術館
三田用水
東京メトロ南北線
明治学院前
旧玉名の池
港区
⑤篠之谷
上大崎
高福院
誕生八幡神社
桜田通り
⑤烏窪
(池之谷)
池田山公園
目黒駅
高輪台駅
タイ王国
大使公邸
⑤池田山公園
の窪地
⑤西之谷
都営浅草線
杣ヶ崎神社
本立寺
⑤清水久保
寿昌寺
相生坂
JR山手線
宝塔寺
⑤道場
清泉
女子大
目黒川
五反田駅
篠谷川
山手通り
品川区
西五反田1丁目

麻布と並ぶ都心山の手の高級住宅街、高輪・白金。これらの地域も、麻布の町と同様に坂や崖が多く、極めて起伏に富むエリアである。これら一帯は淀橋台と呼ばれる標高30m程度の段丘面に位置し、局所的な深い谷が台地を密に刻んでいるのが地形図からも見て取れよう。

深い谷に分断された高輪・白金の丘は城南五山とも称され、五反田駅至近の高級住宅地である島津山、美智子上皇后の生家があった池田山、上大崎の花房山、高輪の八ツ山、そして北品川の御殿山と、舌状台地が山に例えられていた。羨望を集める丘の町の足元には、河谷が複雑に入り込み、「谷あってこその丘」を実感するには格好の散策エリアともいえよう。

窪地を紹介する前に、台地の町とは対照的な、この界隈の沖積低地の町に触れておきたい。

城南五山の南、目黒川沖積低地で発展する町が五反田である。その名のとおり沖積地に水田が広がっていた一帯で、肥沃な水田は1区画が5反（約5000㎡）あったことから名づけられたものだ。明治から戦前にかけては、五反田駅西口から目黒川にかけての低地には三業地（花街）が栄え、現在の繁華街のムードからもその片鱗を窺うことができる。東口にも繁華街が広がり、風俗街としては都内最大規模という。

一方、白金台の北、古川（渋谷川）沖積低地には、典型的な下町風景が残っている。路地裏に入れば木造家屋が密集し、現役の井戸も見かける。そして白金北里通り商店会と呼ばれる三光坂下のバス通り沿いには、昭和のにぎわいを彷彿させる個人商店の看板建築が軒を並べている。

山の手の沖積地で発達した商店街といえば、染井銀座商店街に霜降銀座商店街、原宿の穏田商店街や雑司が谷の弦巻通り商店街などが該当する。個人経営の商店が並び、地元密着型のローカルな商店街としてその地域を支えている。便利で快適だが、画一的な郊外型の大型ショッピングセンターとは異なる魅力のにぎわいを残しているように思う。地方都市では車社会（モータリゼーション）の進行で、町の中心商店街はシャッター通りと化し、壊滅状態な町も多い。地下鉄やバスなどの公共交通とマイカー所有が微妙にバランスしている東京においては、これら地元密着型の商店が辛うじて生き続けており、古建築が都市のストックとしても活用されている。例えばこの界隈では、古い民家を改装して、カフェやブティック、バーなどを新規に興した商店建築が点在しており、台地の閑静なお屋敷街と対比しながら散策すると、より地形と町の関係性が理解できるのである。

それでは、白金台を刻む2つの谷筋をまず紹介し、東京スリバチ学会が「スリバチギンザ」と呼んでいる高輪のスリバチ群を取り上げたい。狭い範囲に凹凸地形が密集しているため、脇道に逸れることを恐れず探索すると、意外な光景に出会えるスリバチ巡りのおすすめスポットなのである。

① 玉名川の谷・樹木谷

白金の台地を北へ流れる細長い谷が幾筋か存在している。まずは玉名川と呼ばれる、古川（渋谷川）の一支流が刻んだ河谷を巡ってみよう。

玉名川が古川へ合流していたのは新古川橋あたりで、流路跡の通りは大久保通りと呼ばれる。その名ほどではないが、周囲よりも若干窪んでいる（谷間である）ことがわかる。沖積地を上流へと遡れば、氷

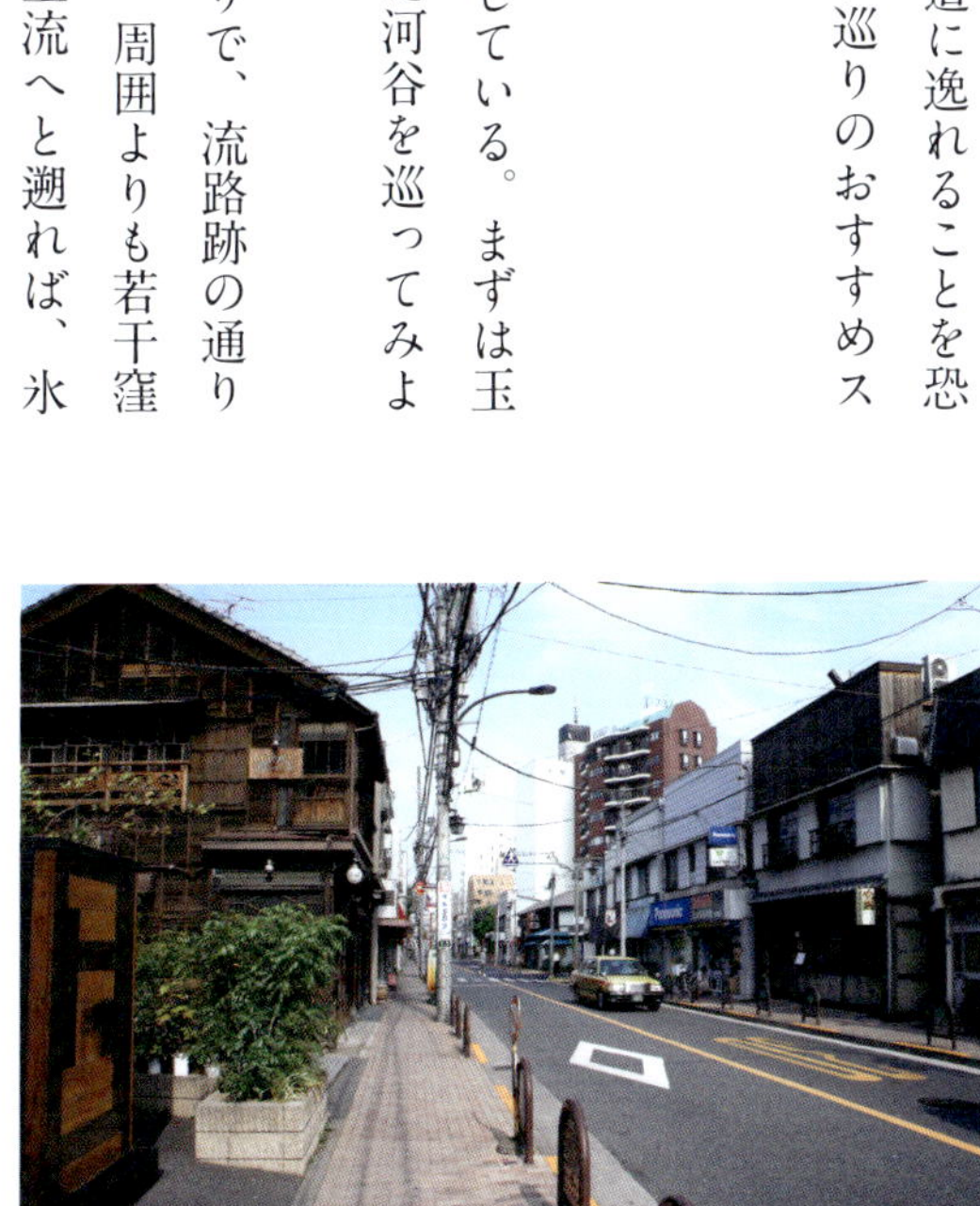

古川沿いの下町　現役の看板建築の商店が並ぶ古川沿いのバス通り（港区白金5丁目）

川神社のある丘を右手に見つつ、清正公前の交差点に辿り着く。かつての流れは桜田通り（国道1号）東側にも窪地をつくり、木造家屋の集まる、静かな一角を残す。路地の傍らには、現役の井戸がいくつか残され、木板を外装に貼った下見板貼りの住宅とともに昭和的な光景が見られる。このあたりで2つの川筋が合流していたようで、1つは正満寺墓地にあったとされる湿地帯を水源とする流れ、もう1つが玉名の池（白金台2丁目1番から3番近辺）から発する流れ（玉名川本流）だ。

正満寺墓地のある窪地はかつて樹木谷と呼ばれ、谷頭はいくつかの寺院の共同墓地となっていて、高台の再開発地から谷間を一望できる。樹木谷とはもともと「地獄谷」と呼ばれていたものが変化したもので、遺骸が遺棄された谷戸がその名の起源である。宅地化に伴い、その不吉な名を嫌い呼び名を変えたものだ。江戸市中には樹木谷と呼ばれる「葬送の谷」が、ここの他にも麹町と神田明神裏に存在していた。

一方、玉名川の本流の上流部には、玉名の池と呼ばれた湧水池があり、山内遠江守（とおとうみのかみ）下屋敷（のちの南部遠江守下屋敷）の庭園に活かされていた。庭園の水の流れを増やすために、近くを通っていた尾根筋の三田用水から水を引き入れていたらしい。

その三田用水は、玉川上水を下北沢で分水し、白金台や高輪・三田・芝に配水していた。戦後まで通水し、用水組合も残されていた。用水が谷を渡る場所で、かつての水路断面が遺構として保存され、現地にはその解説板も設置されている。水路跡を上流へ辿ると、朽ちつつある「今里橋」の欄干も発見できよう。

玉名の池から流れ出た水流は白金の台地を深く刻み、その急峻な谷戸地形を庭園に巧みに利用したのが、結婚式場としても知られる八芳園の庭園である。このあたりは大久保彦左衛門が晩年を過ごした屋敷のあった場所で、その後は松平家や島津家など大名家の屋敷地になり、明治になってからは実業家の邸宅となった。

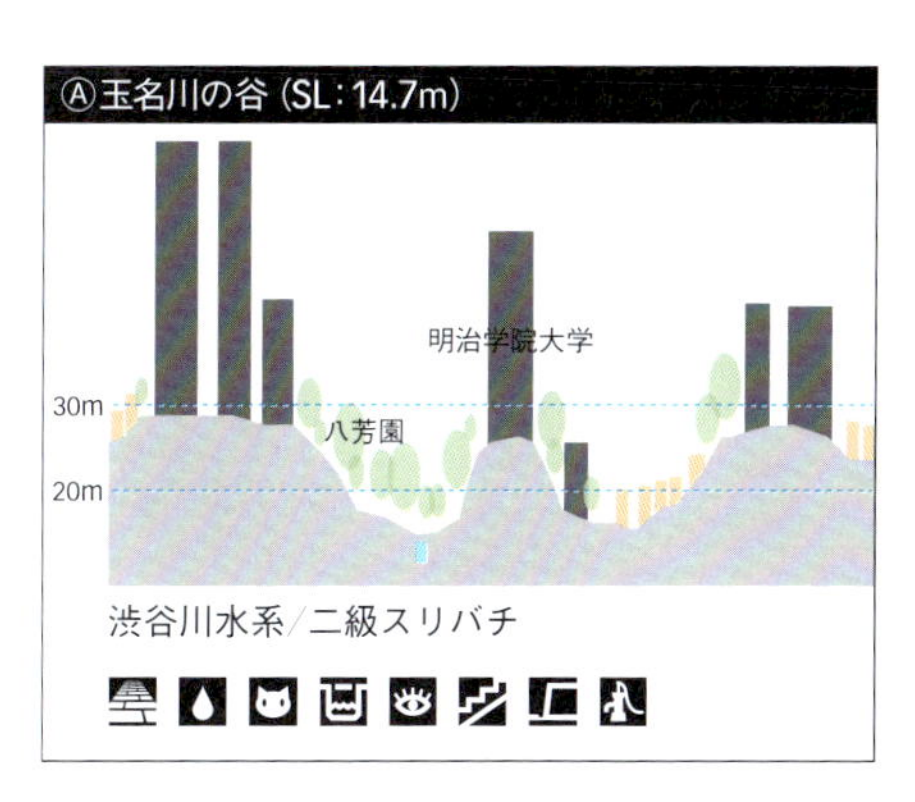

右＝**玉名川の谷**　玉名川のスリバチへと誘う路地状の坂道（港区高輪１丁目）／左上＝**路地と井戸**　旧玉名川沿いには、窪地の町特有の路地や井戸が残されている（港区高輪１丁目）／左中＝**三田用水の遺構**　谷を渡った三田用水の断面の遺構が現地に残されている（港区白金台３丁目）／左下＝**樹木谷を望む**　高台の再開発地から墓地で満たされた窪地を望む（港区高輪１丁目）

② 自然教育園の窪地

白金のブランドイメージには欠かせない存在となっている国立科学博物館附属自然教育園（略称・自然教育園）は、室町時代には豪族が館を構えた地とされ、今も残る土塁は当時の遺跡とされる。館の主は不明だが、いわゆる「白金長者」であったという言い伝えが残り、高級住宅地「白金」の名にふさわしい由来といえる。

この地は、江戸時代になると増上寺の所領から高松藩松平家の下屋敷となり、明治の時代には広い敷地が軍の

今里橋の遺構　三田用水に架かっていたコンクリート製の橋の欄干が残されている（港区白金台3丁目）

八芳園の谷戸庭園　八芳園の日本庭園は、玉名川が刻んだ谷を利用している（港区白金台1丁目）

火薬庫となった。大正期には宮内省所管の白金御料地となり、戦後に国立自然教育園として一般に公開され現在に至る。

園内には3つに枝分かれする河谷が存在し、合流部付近では谷戸の原風景を思わせる湿地が広がっている。谷筋の下流部が土塁で塞がれているため、谷は出口を失った一級スリバチ地形となっている。3つの谷の上流部はそれぞれ、サンショウウオ沢、ひょうたん池、水鳥の沼と呼ばれ、前者2つの沢は園内に水源があるようだ。水鳥の沼を湛える谷筋のみは園外へと続いていて、その谷頭は高福院の窪みまで遡れる。窪地を上った尾根筋には目黒通りが走り、三田用水もこのあたりを流れていた。目黒通り沿いにあるのは、太田道灌が夫人の安産を祈って勧請したと伝えられる誕生八幡神社。目黒通りの拡張で境内が狭められ、RC造の社務所の上に木造の本殿が移築されているところがユニークだ。

自然教育園　入園者の数に制限をかけ、自然を保全している（港区白金台5丁目）

高福院の窪み　高福院裏の窪地は墓地となっている。ここから発する流れが自然教育園へと続いていた（品川区上大崎3丁目）

誕生八幡神社　三田用水が流れていた尾根筋に誕生八幡神社は祀られている。写真右は高福院の参道（品川区上大崎2丁目）

③ 高輪台の窪地群

高輪の地名の由来とされる、縄を引っ張ったようにまっすぐな高台の道（高縄の道、現在の二本榎通り）の東側、南北に連なる複数の窪地に注目したい。バリエーション豊かな窪地を連続的に観察できることから、東京スリバチ学会では、この一帯を「スリバチギンザ」と呼んでいる。

東に品川の海が望めた高輪の台地は、江戸時代には薩摩藩島津家などの大名屋敷があった場所で、明治になってからは竹田宮・北白川宮・朝香宮の三宮家の屋敷地となった。いずれも戦後に売却され、旧竹田宮邸敷地にはグランドプリンスホテル高輪が、北白川宮邸跡にはグランドプリンスホテル新高輪が開館した。広大な敷地に立つホテルの見事な庭園はみな大名庭園の転用であり、谷頭の湧水を利用した池の名残も多く見られる。

高輪公園という、湧水池を持つスリバチ公園の北側には、山を背にしてスリバチ状の窪地に東禅寺が立つ。境内に残る池は、他の池と同じく谷頭の湧水池が起源だ。東禅寺はわが国最初のイギリス公使館となったことで知られ、当時は海が門前まで迫っていた。山門に向かって右側には洞坂（ほらざか）という急で狭い上り道があるが、かつてこのあたりを洞村といったことに拠る。村の名は、地中にぽっかりと空いた洞のように、周囲を崖で囲まれた窪地からついたものだろう。窪地は東禅寺の裏手まで続き、崖下には典型的な下町系スリバチといえる静かな住宅地が谷間に息づく。

尾根筋の桂坂を北へ越えれば赤穂浪士で有名な泉岳寺だ。窪地を墓地が埋め、高輪学園の立つ丘を背景に本堂が建立されている。本堂の裏、谷頭にあたる場所には崖下の湧水を利用した池があるようだが、残念ながら立ち入ることはできない。

右＝**高輪公園**　崖下から湧き出る水を活かした公園系スリバチの典型例だ（港区高輪3丁目）／左上＝**高輪台からの展望**　グランドプリンスホテル高輪の立つ台地から高輪公園のある窪地を眺める（港区高輪3丁目）／左中＝**泉岳寺参道**　泉岳寺山門前を流れた水路を跨ぐ太鼓橋が残されている（港区高輪2丁目）／左下＝**東禅寺裏の窪地**　東禅寺と高野山東京別院に挟まれた窪地は静かな住宅地となっている（港区高輪3丁目）

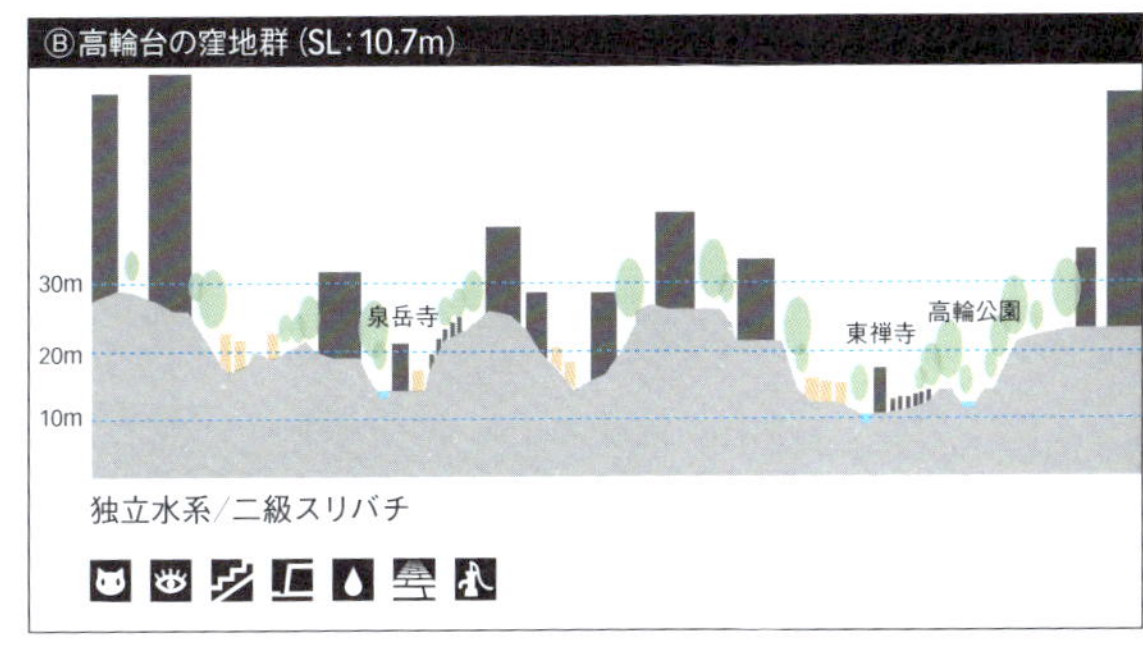

④ 人工のスリバチ

高輪台の最南端は御殿山と呼ばれる。その昔、太田道灌が城を築いたともされ、江戸時代の初めには、徳川家康が豊臣秀吉の側室・淀君を人質にとっておく目的で御殿を立てたともされる。それが山の名となった。

御殿山の北に位置する台地には「八ツ山」の名がつくが、地形図ではあまりに不自然な、整形かつ階段状の窪地がある。この窪地では川跡が見当たらず、暗渠マニアに遭遇することもない。この窪地はどうやら、品川沖に御台場を築くために山の土を削ってできたもので、かつての土取場(どとりば)、人工的な整形スリバチなのだ。

御台場築造のための土取場は、今治(いまばり)藩下屋敷だったこの八ツ山の他に、泉岳寺中門外山付近土取場と御殿山土取場(冒頭地形図の範囲外)があった。御殿山土取場は現在、東京マリオットホテルのスリバチ状の庭園に活かされている。

御台場とは、幕末にアメリカ海軍のペリー提督が艦隊(黒船)を率いて日本へやってきたとき、江戸防衛の必要上から幕府が私財で築かせた砲台である。当初11基築く予定であったが、幕府の財政窮乏のため、完成したのは5基だけである。御台場の築造に注がれた経費や労働力は莫大なもので、このことが幕府の滅亡を早めたともいわれている。品川駅西口の高層ビル群の背後に、歴史の舞台裏となったスリバチが隠れている。

⑤ 5つの山をつくった谷

高輪南町児童遊園から窪地を望む　土取場だった窪地越しに、対岸の丘と品川の低地を一望する（港区高輪4丁目）

尾根筋を走る目黒通り（かつての中原街道）南には、高輪台の窪地状谷戸とは異なる、湾曲した長い谷筋が大小五つ連なっている。規模が比較的大きいことから谷それぞれに名が残り、東側から順に、道場谷・篠之谷・清水久保・烏窪（池之谷）・西之谷と呼ばれていた。

道場谷とは1697年（元禄10）の検地帳に記された名で、谷間に立つ本立寺と寿昌寺に修行の場があったことが由来とされる。道場とは、仏教用語で修行するところ、転じて山岳信仰の修行の場をいうものだ。道場谷の西が島津山で、仙台藩伊達家下屋敷があった丘である。現在は清泉女子大学のキャンパスとなっている。道場谷を上りきった台地に袖ヶ崎神社が祀られている。着物の袖に似た台地の形状からその名がつけられた。もともと、このあたりは大崎と呼ばれていたが、伊達藩にとっては滅んだ大崎家に繫がる不吉な名とされ、袖ヶ崎に改められたのだという。

島津山の西に広がる大きく湾曲した谷筋が篠之谷で、上流に行くにしたがって谷は幾筋かに枝分かれしている。分かれた谷が円形の丘を縁取っている場所は、かつての増上寺の下屋敷で、増上寺の隠居僧が余生を過ごすために付与されたものだ。現在でも多

篠之谷の断面展開図

くの寺院が残り、対岸の丘からスリバチ越しに眺める堂宇の風景は格別だ。

篠之谷の支谷でもっとも長いのが上之谷と呼ばれた谷で、谷筋の途中には、崖下の湧水を池に利用した池田山公園がある。窪地を囲む高台は江戸時代、備前国岡山藩池田家の下屋敷だった場所で、のちに「池田山」の通称が生まれた。起伏に富んだ地形と、豊かな緑に包まれた公園は、かつての大名庭園の一部が残されたもので、大名屋敷は現在の公園（約7000㎡）の十数倍の規模を誇ったという。高級住宅地に残された貴重な公園系スリバチの代表例だ。

池田山の西にある窪みは、首都高速2号線のため存在がわかりづらいが、清水久保と呼ばれた谷筋で、谷の上流部で湧水があったことにちなむものだろう。タイ王国大使公邸の

上＝**道場谷のスリバチビュー**　丘の上に立つ本立寺から眺めた道場谷（品川区東五反田）／中＝**篠之谷戸の眺め**　篠之谷は第三日野小学校に利用されている（品川区上大崎1丁目）／下＝**丘の上の寺院群を遠望する**　篠之谷の住宅地の先に、丘の寺院の堂宇を望む（品川区上大崎1丁目）

ある岬状の丘を西に越えた細長い谷が池之谷で、谷の下に灌漑用の溜池があったためその名がつけられた。谷頭をかすめる三田用水から通水を受けてからは溜池が不要となり、享保年間（1716～1735年）に池は水田になったとの記録が残る。そして池之谷の上流部は烏窪と呼ばれ、今では静かな住宅地が谷筋に沿って広がっている。もっとも西側の谷は、山手線の軌道敷設に利用された谷筋で、西之谷と呼ばれた（冒頭地形図の範囲外）。この谷と目黒川の低地とに挟まれた小高い丘が花房山で、明治末にこの地に花房子爵が屋敷を構えたことによる呼称である。

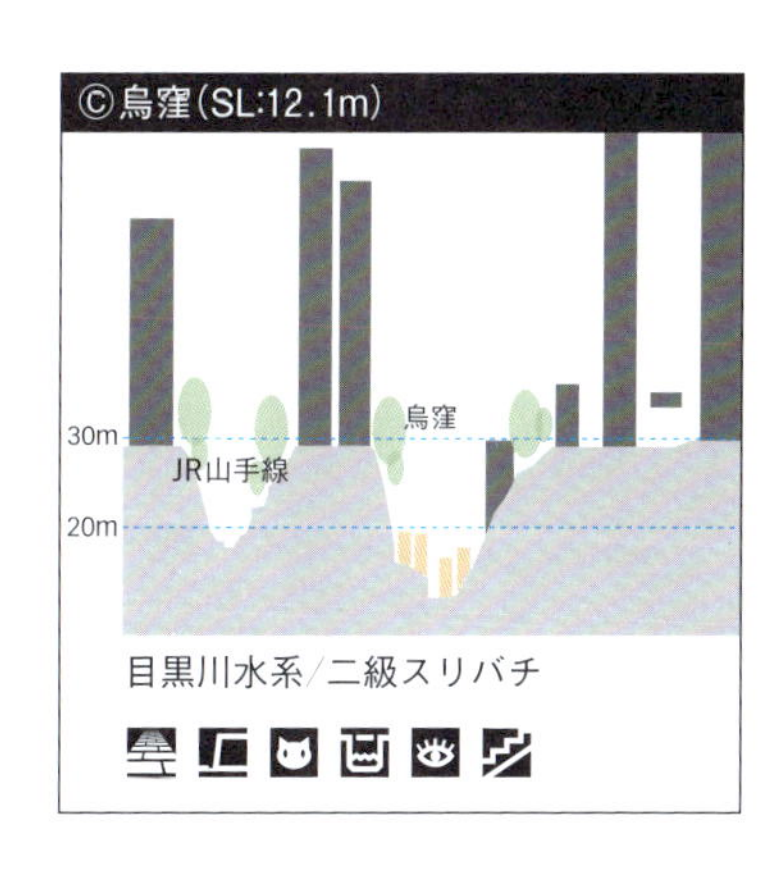

スリバチ状の池田山公園　谷戸の湧水を活かした典型的な公園系スリバチである池田山公園（品川区東五反田5丁目）

坂下に潜む烏窪　烏窪はまさにスリバチ状のため出会いは突然だ（品川区上大崎3丁目）

山手線が走る西之谷　谷間を利用して山手線は台地と低地を結んでいる（品川区上大崎3丁目）

江戸・山の手の谷
番町・麹町

Bancho
& Kojimachi

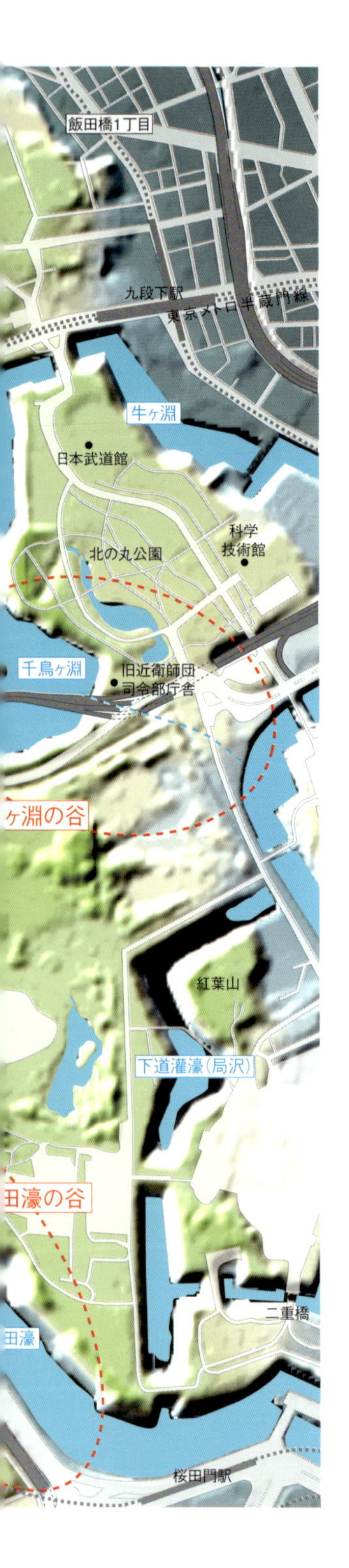

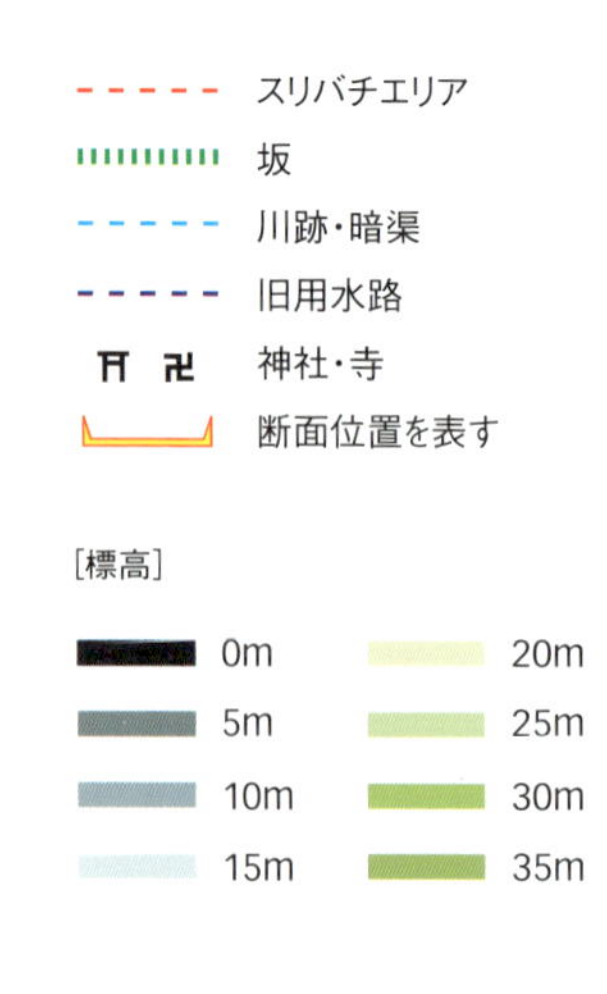

0 100 200 500m

千代田区
新宿区
中根坂
大日本印刷
芥坂
安藤坂
③長延寺谷
長延寺坂
新見附橋
靖国神社
市ヶ谷駅
外濠
靖国通り
一口坂
左内坂
防衛省
市谷亀岡
八幡宮
市谷見附
都営新宿線
市ヶ谷駅
A
①御厩谷
紅葉川
市谷本村町
桝箕神社
御厩谷坂
帯坂
東郷坂
新坂
JR中央線
東郷元帥
記念公園
三年坂
行人坂
五味坂
袖摺坂
①樹木谷
永井坂
半蔵
イギリス
大使館
内堀通り
四ツ谷駅
正和坂
半蔵門駅
麹町駅
玉川上水(埋樋)
四ツ谷駅
麹町6丁目
善国寺坂
千代田稲荷
新宿通り
半蔵門
上智大
②清水谷
紀尾井町
清水谷坂
紀尾井坂
平河天満宮
B
清水谷公園
最高
裁判所
迎賓館
平河天満宮下の窪地
紀伊国坂
ホテル
ニューオータニ
諏訪坂
外濠谷
首都高速4号新宿線
永田町駅
東京メトロ丸ノ内線
赤坂見附
富士見坂
永田町駅
東京メトロ有楽町

番町・麹町といえば誰もが認める都心の一等地であろう。

麹町の「麹」とは、武蔵国府（府中市）への路、すなわち「国府路」の起点になった場所を意味している。その国府路とは、江戸時代の五街道の1つである甲州街道、現在の新宿通りのことだ。麹町は江戸時代にもっとも早くから発達した甲州街道筋の町人地で、周辺の武家地を商圏として、その消費物資を一手に引き受けていた。新宿通りが皇居へ突き当たる御門を半蔵門と呼ぶが、これは江戸城門前に、伊賀の忍者の首領・服部半蔵の組屋敷があったことに由来している。

一方、番町の名の由来は、江戸時代初期に城を警衛する旗本・大番組の屋敷があったことによる。彼らは番方と呼ばれ、50名を一組とし、六組が組織された。大番組が一番組から六番組まであったのに対応して、現在の町名も一番町から六番町に分かれている。幕府の役職についた旗本を「御番入り」といい、番町に屋敷が与えられるのは、江戸幕府執行機関のエリートの証であった。

徳川家康が入国して、直属の家臣団に宅地を割り当てたのが番町・麹町であり、江戸城への登城（通勤）も便利で、防備力強化の意図もあった。この一帯は震災・戦災の後も町の区画割りに大きな変革がなく、整然としたかつての屋敷地が大使館や邸宅風の高級マンションに置き換えられているだけなので、エリート官僚の住居地だった風格が今でも漂うのだ。

さて、地形図を眺めてみると、直線的で整然とした町割りの中に、揺らぐような道路が幾筋か走っているのがわかる。これらは御厩谷・樹木谷と呼ばれた江戸初期の歴史にも登場する古い谷筋の川跡である。

台地の尾根筋を走るのが新宿通り（甲州街道）で、玉川上水の流路でもある。新宿通りは両側から迫る谷の誘惑を避けるように、微妙に右へ左へとカーブしているのもわかる。道路の屈曲部は、背後にスリバチが潜んでいる証左なのだ。

ここでは地形的魅力に加え、スリバチ地形の奏でる現代的な都市景観にも注目したい。都心一等地ならではの景観が現出しているからである。

① 樹木谷と御厩谷

麹町台地を西から東へ横切る御厩谷と樹木谷は千鳥ヶ淵へと注ぐ谷筋であるが、千鳥ヶ淵とはこれら支谷の流れを堰き止めて築いた、飲料水確保のための人工湖である（『増補改訂 凹凸を楽しむ 東京

Ⓐ 樹木谷（SL：20.9m）

御厩谷
樹木谷
東郷元帥記念公園
30m
20m

千鳥ヶ淵水系／二級スリバチ

千鳥ヶ淵の窪み　内堀通りが窪んでいるのは、千鳥ヶ淵へと注ぐ川の谷（樹木谷の下流域）を越えるからである（千代田区一番町）

御厩谷のスリバチビュー　行人坂から反対側の東郷坂を望む（千代田区三番町）

「スリバチ」地形散歩』(宝島社)参照)。つまり御厩谷と樹木谷は、その千鳥ヶ淵川の河谷の上流部、谷頭にあたる。

御厩谷は将軍家の厩舎があったことからつけられた名で、御厩谷坂という名が現在に残されている。東郷坂と行人坂が対峙していることで、谷の存在を知ることができよう。御厩谷は崖状の斜面で囲まれているのが特徴で、『御府内備考』には、「御馬の足洗ひし池残りて有」とあり、馬洗池があったともいわれる。谷頭付近には東郷元帥記念公園があり、地形の高低差と崖の性状を把握しやすい。公園の低い部分は1929年(昭和4)に震災復興公園の1つ、上六公園として開園しており、隣接した台地部にあった東郷平八郎(日露戦争での連合艦隊司令長官)の私邸が1938年に寄付されたことで一帯が整備されたものだ。

一方の樹木谷は、前章でも触れたとおり別名地獄谷と呼ばれ、武家屋敷として開発される以前の谷戸には墓地(人捨て場)が密集していたことに起因する。樹木谷には、江戸時代初期には多くの寺院が並んでいたが、もともとは現在の皇居内にある局沢や紅葉山の谷筋にあった寺院群で、江戸城建設の際に強制的に移転させられたものだ。樹木谷の寺院もやがては江戸の拡大とともに、四谷の若葉などの谷(鮫河橋谷)に移転させられてゆく。寺院のあった名残が、通称日本テレビ通りにある「善国寺坂」という対の坂道だ。善國寺

樹木谷の断面展開図

は江戸時代中期までこの谷底にあったが、他の寺院が城外へ移された際、神楽坂の丘の上に移り、この地に名が残された。善國寺は現在、毘沙門天（びしゃもんてん）の名で親しまれている。

樹木谷の谷筋と思われる細い道をさらに上流へと遡ると、再開発地の敷地内で、地形の高低差を活かした川のせせらぎが再現されている。この界隈では他にも、平河天満宮下の窪地の谷頭で、やはり再開発地内のせせらぎを見ることができる。復元された水の流れは、地形的な窪みや谷筋を再解釈したランドスケープデザインとして興味深い。樹木谷をさらに遡上して谷頭を目指すと、千代田稲荷の祠と赤い鳥居が目に入る。千代田稲荷はもともとこのあたりの旗本屋敷内に祀られていたが、明治以降は場所を転々とし、再開発によって日枝（ひえ）神社内に遷座していたものを元来の地へ戻したものだという。

さて、この界隈に特徴的な町並みの観察事例をここで紹介しておきたい。整然と区画された番町の町割りの中で、ゆらゆら揺れる谷筋道を歩いていると、建物上部の壁面が道路に向かって斜めにカットされ、建物で切り取られたス

右＝**善国寺坂の窪み**　善国寺坂は、樹木谷を越える対の坂（千代田区二番町）／左＝**再開発地の水景施設**　谷地形を再開発した場所には、水景施設が設けられる場合が多い（千代田区二番町）

建物渓谷の事例1・2　空に向かって建物上部が斜め形状になっている、建物渓谷の事例（千代田区二番町）

屋敷型の町並み事例　（千代田区一番町）

町屋型の町並み事例　（品川区東大井２丁目）

屋敷型のモデル図

町屋型のモデル図

カイラインが渓谷状であることに気づくだろう。これは建築基準法で定められた斜線制限（現在は条例によって緩和規定がある）と呼ばれる建物の形態規制によるもので、敷地が狭く道路に対して間口が狭い場合に起こる、いわば建物壁面がつくる都会の渓谷だ（建築家の吉村靖孝氏は著書『超合法建築図鑑』の中で「斜線渓谷」と呼んでいる）。丘の上では、ゆとりある広い敷地が確保されているためか、ビル壁による渓谷は見られなくなり、周囲に空地を巡らせた高層の独立した建物が多くなる。これらは「屋敷型」「町屋型」と東京スリバチ学会が分類している建物類型の発展形で、建物壁面が渓谷を成すのは町屋型の場合である。麹町というひとつの町内で、丘と谷では異なるタイプの建築形態が見られるのが面白い。現行法規に則っての、ある意味成熟した町並みの形態といえるだろう。

② 清水谷

新宿通り（甲州街道）の道筋に「ゆらぎ」をつくる南の谷の代表は清水谷であろう。上智大学裏を谷頭とする谷筋

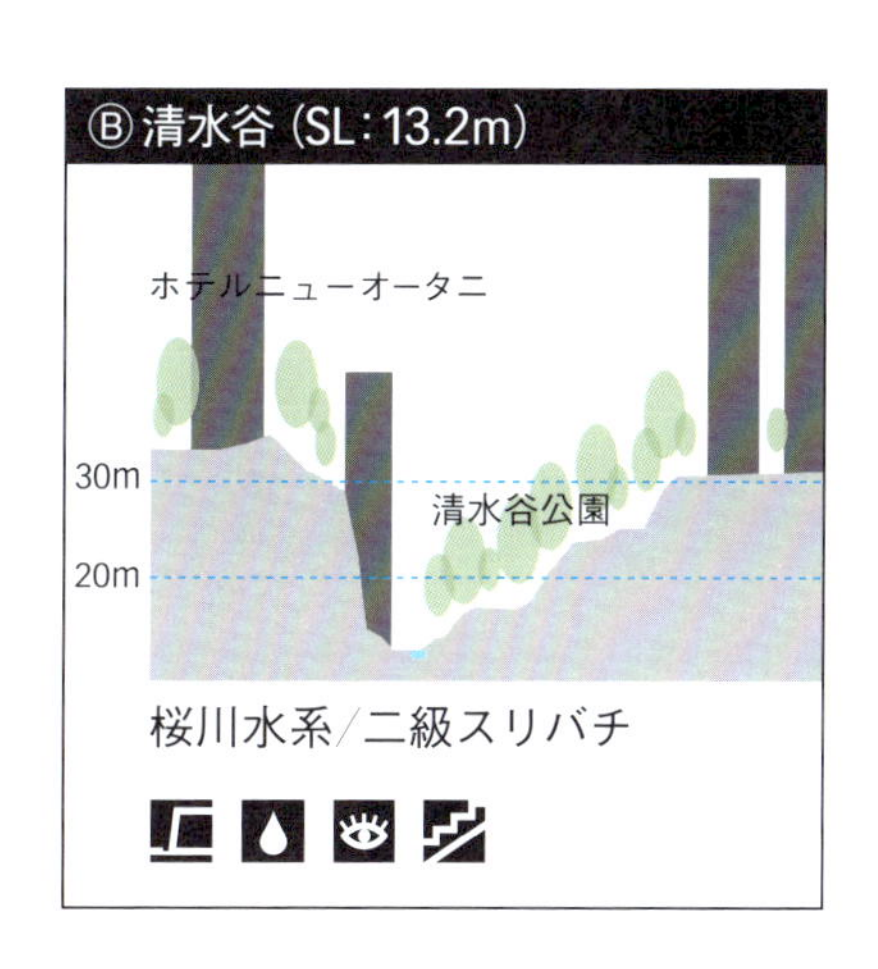

清水谷公園　江戸時代には崖下から清水が湧き出ていたため、一帯は清水谷と呼ばれていた（千代田区紀尾井町）

と、麹町4丁目を谷頭とする谷筋が合流した場所に、清水谷公園という緑に包まれた典型的なスリバチ公園がある。その名のとおり、園内の崖下では清水が湧いていたらしく、湧水を満たした池も残されている。ちなみにこの一帯を紀尾井町と呼ぶのは、紀伊家、尾張家、井伊家の三邸があったためである。

③ 長延寺谷

番町の北の境界である外濠は、紅葉川（上流では桜川とも呼ばれる）が流れていた谷地形を活用し開削したもので、濠の輪郭や石垣などは、東京に残された江戸の遺構として貴重な存在といえる。

外濠の南斜面には、一口坂と書いて「いもあらい坂」と読む直線状の坂があるが、この「いも」は「へも」、すなわち疱瘡（ほうそう）の転化であって、疱瘡を治すと伝える一口稲荷がその名の由来という。一口稲荷はその昔、京の淀に一口という地があり、あたりの湿地帯の水を一口に集めて淀川本流に導入していたためとされる。かつて湿地帯では天然痘の発生が多く、その対策として稲荷を勧請したとする説で、桜川の谷底低地が湿地だった頃の記憶を伝える坂名である。

一方、北斜面では、対岸の番町を望む崖上に市谷亀岡八幡宮が鎮

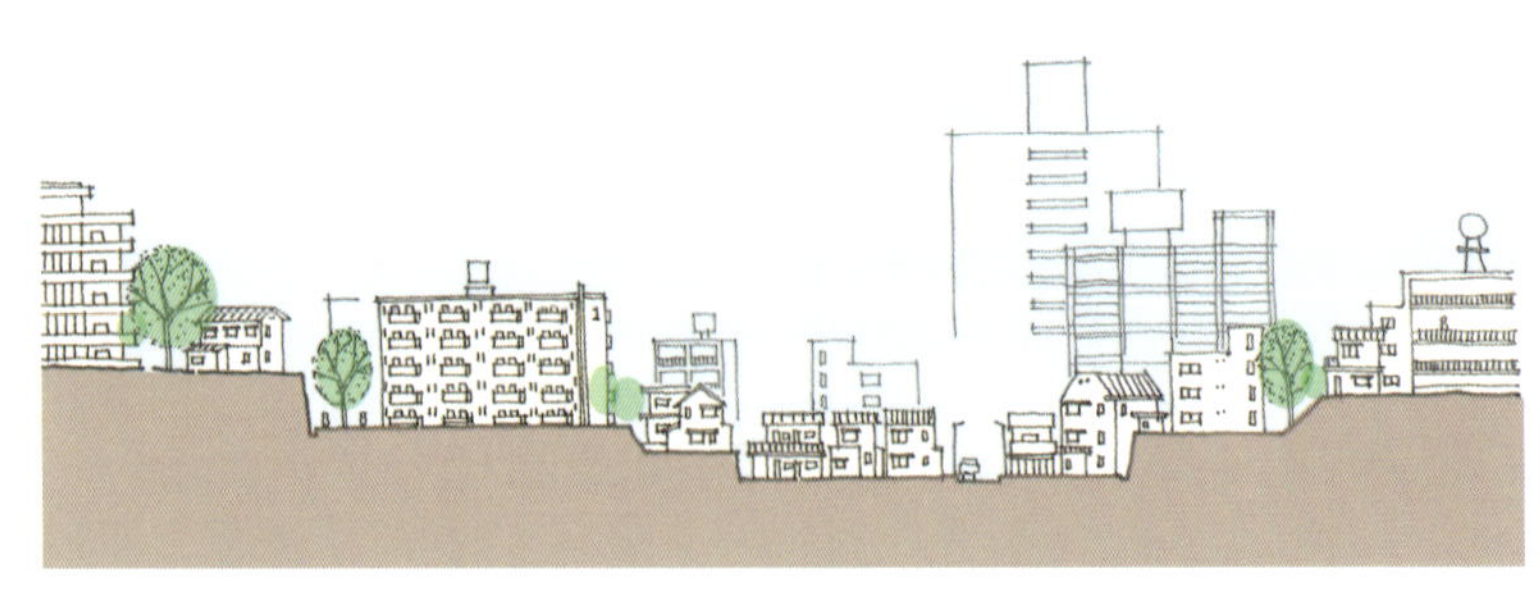

長延寺谷の断面展開図

座している。市ケ谷駅至近にありながら、雑踏とビルの谷間に埋もれ、つい見逃してしまいそうな神社だが、参道の長い石段は淀橋台の高低差を思い起こさせるのに十分だ。参道を上れば、駅周辺の雑踏が嘘のように、鎮守の杜の静寂が待っている。

もう1つ、北斜面に横たわるような長く続く谷筋がある。谷筋は長延寺谷とも呼ばれ、谷に下りる坂の1つに芥坂（ごみざか）の名が残る。谷の底面はいくつかの商店街が並び、空地が続く。この谷間にはかつて大手印刷会社の工場や倉庫が並んでいた。中根坂を跨ぐ歩道橋の上からは、谷の曲線形状がよくわかる。

市谷亀岡八幡宮の参道　参道の急な階段で淀橋台の高低差を実感する（新宿区市谷八幡町）

今だけのスリバチ景観　凹地形に沿うように倉庫が並んでいたが、解体されたために現在は地形が露わになった（新宿区市谷鷹匠町）

長延寺谷のスリバチビュー　商店や住宅が連なる谷筋を丘から眺める（新宿区市谷左内町）

溜池・虎ノ門

城南の歴史をつくった谷

Tameike & Toranomon

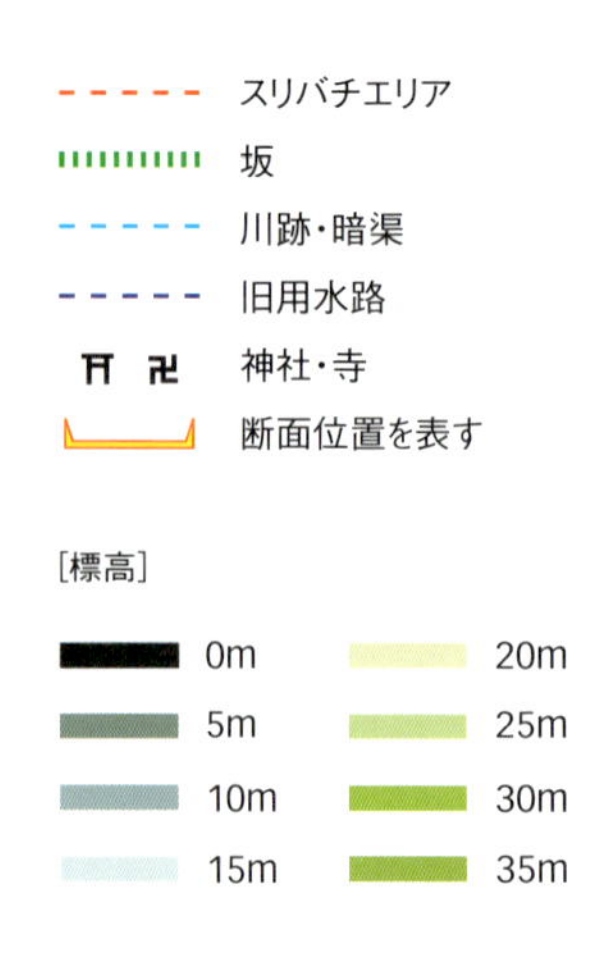

厚生労働省
日比谷公園
財務省
霞ケ関駅
帝国ホテル
経済産業省
溜池山王駅
千代田区
特許庁
霞が関コモンゲート
外濠川
虎ノ門駅
①赤坂溜池と溜池ダム
汐留川
内幸町駅
金刀比羅宮
西新橋1
③外堀の遺構
外堀通り
中
アメリカ大使館
虎ノ門病院
霊南坂
ステーションタワー
新橋駅
江戸見坂
虎ノ門ヒルズ駅
虎ノ門ヒルズ
烏森神社
新橋駅
東京メトロ日比谷線
新橋駅
桜田公園
港区
愛宕神社
桜川
都営三田線
②桜川の浅い谷
日比谷神社
青松寺
神谷町駅
麻布台ヒルズ（旧俄善坊谷）
慈恵医大病院
都営浅草線
西久保八幡神社
青山上水
御成門駅
芝公園
宇田川
第一京浜
東京タワー
東京プリンスホテル
熊野神社
土器坂
港区役所
東海道
④紅葉谷
宝珠院
増上寺
都営大江戸線
大門駅
鎌倉街道
⑤増上寺
室町期東海道
桜川
赤羽橋駅
浜松町駅
東京ポート
旧芝離宮庭園
芝公園
済生会中央病院
芝公園駅
古川
首都高速都心環状線

明治時代初期の溜池　「五千分一東京図測量原図」からその様子を知ることができる（出典：農研機構農業環境研究部門）

「溜池発祥の地」の碑　溜池交差点の片隅に設けられ、溜池の歴史が記されている（港区赤坂1丁目）

「溜池（ためいけ）」の名は、東京メトロの駅名「溜池山王（さんのう）」に使われているため都民には比較的知られてはいるものの、その実態についてはあまり知られていないように思う。というのも、溜池の姿はもちろん、その痕跡すらも現在は見出すことが困難だからであろう。溜池は大切な目的をもって人工的に造成された池。江戸時代初期に建設され、明治の初期まで実在したので、古地図などの記録によってその様子を窺い知れる。歌川広重も『名所江戸百景』で描いた風光明媚な溜池を、地形に着目しながら探ってみよう。

溜池は「赤坂溜池」として、『御府内備考巻之六 御曲輪内之四 上水』のなかで「山王山のもとの流を西南の町へ」と記された上水施設。玉川上水が建設される以前、小石川上水とともに、江戸市民の飲料水をまかなった必要不可欠のインフラだった。池があったのは溜池山王駅が立地する外堀通り周辺で、山王日枝神社（山王山）下。ひょうたん型をした貯水池は水利施設であると同時に、江戸城の外堀を兼ねた防衛施設でもあった。「外堀通り」の名は、もちろんそれにちなむものだが、自分が勤める会社がそばにありながら、新入社員の頃は気にも留めなかったことを白状しておく。

『名所江戸百景』赤坂桐畑　水を湛えた溜池の風光明媚な姿が描かれている（国立国会図書館蔵）

愛宕山をくり抜いている愛宕隧道　都会でのトンネルとの出会いは意外性たっぷり（港区愛宕1丁目）

溜池の水源は新宿区須賀町付近の鮫河橋谷で、千日谷の一行院裏庭の湧水を合わせ、迎賓館の裏庭を流れて赤坂見附下の弁慶濠に通じていた。その流れをダムで堰き止め、水を溜めたものであった。都心有数の歓楽街としてにぎわう赤坂は、風流なウォーターフロントの町でもあったわけだ。溜池周辺の湿地帯は田圃だった時代もあり、江戸の拡張に伴い田地を開拓したのが赤坂田町なのであった。

冒頭の凹凸地形図中央で目立つ小高い丘が愛宕山で、貫通している愛宕隧道は1930年（昭和5）の完成。都心まち歩きの途中で、唐突に古いトンネルと出会うとなかなか新鮮な気分に浸れる。愛宕山を一気に上るのが愛宕神社の参道「出世の階段」で、関東ローム層ならではの急峻な崖線が両側に続いている。ちなみに愛宕神社は、京都の愛宕山（924m）に鎮座する愛宕神社を1603年（慶長8）に勧請したもので、「出世の階段」は将軍家光の御前で、馬で石段を上り下りしてみせた曲垣平九郎の故事にちなむ。上りはまだしも下りは絶対にお断りしたい。

1868年（慶応4）、官軍による江戸総攻撃予定日の直前に勝海舟は西郷隆盛をこの地に連れてきて、眼下に広がる江戸の町を見せたとの逸話も残る。残念ながら現在は、樹木が生い茂り眺望は遮られている。生命力が強すぎるこの国での木々との付き合い方は再考したほうがよいと個人的には思っている。

その南に続くのが増上寺の丘で、武蔵野台地の突端にあたり、低地を望む地には都内でも最大級の前方後円墳・芝丸山古墳が鎮座している。台地の東に広がる広大な低地は日比谷入江をはじめとする江戸初期の埋め立て地。古墳は海上からも見えたに違いない。埋め立て地を南北に貫くのが江戸時代に整備された五街道の1つ、東海道だ。

前置きが長くなったが、ビジネスマンもあまり顧みてくれない溜池や虎ノ門界隈のマニアックな見どころを、冒険気分で巡ってみよう。

溜池ダム　写真中央の交差点付近に外堀通りを塞ぐ形でダムが存在した。タモリ氏と地形談義で盛り上がった思い出の微高地（港区赤坂1丁目）

① 赤坂溜池と溜池ダム

赤坂溜池を成立させるために川の流れを堰き止めていたダムは、現在の特許庁とアメリカ大使館を結ぶあたりにあった。ダムがつ

虎の門外あふひ坂（葵坂）　ダムの手前を月に一度公開された丸亀藩上屋敷にあった金比羅大権現へお参りをする人たちが描かれている。金刀比羅宮は琴平タワーという再開発ビルの足元に健在している（国立国会図書館蔵）

くられた場所を広域に俯瞰すると、川が谷あいの地から低地へ流れ出る場所（谷口）にあたることがわかる。溜池ダムの様子は、同じく歌川広重の『名所江戸百景』の「虎の門外あふひ坂（葵坂）」で描かれている。溜池だけでなくダムも題材にする広重はなかなかのドボクマニアである。浮世絵を眺めていると、2mほどの落差を流れ落ちる水の音が聞こえてきそうだ。

溜池ダムは現在でいえば多目的ダムに位置づけられ、水を溜める目的の他に、潮の干満の影響が溜池に及ぶのを防ぐ役割もあった。ダムから流れ出た川は低地を流れて江戸湾（東京湾）に注いでいたのだが、汐水が溜池へと逆流するのを堰き留める役割がダムにはあった。その川には汐留川の名がつけられた。そんな話をNHKの番組『ブラタモリ』「汐留編」で紹介させていただいた。汐留川には湿地帯だったこのエリアの排水路としての役割もあっただろうと推測している。

ところで江戸の住民たちは、溜池の水をどのように利用したのだろうか。ここからは地形マニアの妄想だが、住民たちは溜池の畔に水を汲みに行ったのではなく、ダムによって水位を上げて導水路を築き、水を広範囲に配っていたのではないだろうか。そしてその導水路こそが、この界隈ではよく知られた「桜川」という小川だったと推測している。

② 桜川の浅い谷

それでは溜池の導水路と仮定した桜川を追いかけてみよう。桜川とは桜田郷と呼ばれたこの地を流れていた小川で、古川（渋谷川）に注いでいた。震災復興のときに暗渠化され、合流地点である将監橋（しょうげんばし）のたもとには石組みの吐水口が残されている。現在は川の流れの痕跡を見つけることは難しいのだが、まるで「川の記憶」を伝えるような施設が、かつての流路に点在しているところが面白い。

例えば、青松寺（せいしょうじ）の門前を桜川は流れていたが、境内には桜川の流れを思わせる水路がつくられている。川に

桜川の吐水口　古川（渋谷川）に架かる将監橋のたもとに残る（港区芝2丁目）

水景施設　日本赤十字社敷地内、桜川の流路跡に設えられている（港区芝大門1丁目）

大門際公衆便所　桜川の流路跡に建設されている。半地下に埋まっているため瓦屋根だけが地上に顔を出している（港区芝公園1丁目）

架けられた石橋の欄干がなかなか古びており、当時のものを移設したのかと想像したくなる。また、日本赤十字社敷地内の流路跡には、かつての流れを思わせる水景施設が設えられている。建物は黒川紀章氏の設計だが、歴史の継承が設計意図にあったのか興味が湧く。

ユニークなのは流路跡に建設されている大門際公衆便所。半地下に設置され、道路からは屋根だけが顔を出すユニークな公衆トイレになっている。港区の説明は「景観への配慮」だが、「桜川の川底に建設した」結果なのではないかと妄想している。

③ 外堀の遺構

溜池櫓台跡　外堀通りの脇に残る。石垣の上には隅櫓が設けられていた（千代田区霞が関3丁目）

外堀跡に石垣を再現した地下の展示施設　石垣下の黒い花崗岩は堀の水面レベルを表現している（千代田区霞が関3丁目）

溜池は江戸城外堀を兼用していたので、石垣などの遺構の一部がところどころに残されている。オリジナルの遺構として保存されているのが、商船三井本社ビルの足元に残る溜池櫓台跡。使用されている黒色の石材は伊豆半島から採取された安山岩（あんざんがん）で、江戸城の城壁にも使用されているもの。また、霞が関コモンゲートの敷地内には、数カ所で発掘された外堀石垣が復元されている。おすすめなのが旧文部科学省庁舎の足元にある展示施設で、地下に用意された見学施設では外濠の歴史や土木技術を学ぶことができる。

ちなみに「虎ノ門」の名は外堀を橋で渡り、江戸城を守る見附の1つだった虎之御門にちなむ。桝形の御門や橋の跡など、その痕跡はすべて失われているのが残念。けれども外堀の跡が港区と千代田区の区界になっていて、虎ノ門のオフィス街と霞が関官庁街の境界になっている。町並みの違いがはっきりと見て取れるところが面白い。

④ 紅葉谷

東京タワーが立地する丘と増上寺の丘に挟まれた南北に細長い谷間で、谷筋は清流が流れる公園に整備されて

東京タワーの足元にある紅葉谷　谷底には川が流れ、都心にもかかわらず蛇を見かけることもある（港区芝公園4丁目）

弁天池　紅葉谷に建立された宝珠院にある（港区芝公園4丁目）

芝公園内に残る橋跡　後方の緑の丘が芝丸山古墳（港区芝公園4丁目）

増上寺一帯　この一帯は芝公園として都心に貴重なオープンスペースと緑を与えている（港区芝公園４丁目）

いる。崖状の斜面地には「蛇塚」が祀られ、谷間に建立された宝珠院（ほうしゅいん）には弁天池も残されている。ちなみに宝珠院は１６８５年（貞享２）に増上寺の伽藍群の１つとして開山した。この谷から発した川は、芝丸山古墳を囲い込むように流れ、桜川に注いでいた。芝公園内には、その川に架かっていた橋の遺構が残されている。

⑤増上寺

台地を背に１万６０００坪を超える広大な境内を誇る徳川家の菩提寺である増上寺。境内は芝公園として開放されているが、これは１８７３年（明治６）に東京府の太政官布達によって、日本で最初の公園に定められたものだ。増上寺は１３９３年（明徳４）に麹町の貝坂に創建され、１５９０年（天正18）に徳川家康が江戸に入ると、徳川家の菩提寺になる。これは徳川（松平）家が代々浄土宗を信仰していたため。１５９８年（慶長３）に江戸城拡張のため現在地に移転した。江戸城に対して増上寺は裏鬼門に位置し、寛永寺が鬼門に位置する。

地形マニアとして注目すべきは境内にある芝丸山古墳。淀橋台の突端に築かれた前方後円墳で標高約16m、墳丘長125mは都内では最大級。5世紀後半の築造とされ、徳川家光の時代に五重塔を建てる敷地にあてられたため原形を損じている。この周辺には11基の円墳をしたがえていたとされるが、現在は失われている。

芝丸山古墳　都内でも最大級の前方後円墳。古墳の足元では縄文時代の遺跡も発掘されている（港区芝公園4丁目）

⑥ 潮入の浜離宮恩賜公園

地形マニアとして浜離宮恩賜公園を見どころの1つに取り上げたい。潮の干満に合わせて海水が園内の池に出入りする潮入の庭は、江戸の大名庭園が生んだ日本庭園史上に前例のない様式だったからだ。「浜御殿」とも呼ばれた浜離宮は、江戸の将軍家を訪れる京都の公家たちの接待の場として使われたので、公家たちも斬新な潮入技術に驚かされたに違いない。

浜離宮庭園は、四代将軍家綱の弟で甲府宰相である松平綱重がこの地に「海手屋敷」として幕府から拝領したことに始まる。屋敷は綱重から子の綱豊に受け継がれ、1709年（宝永6）、五代将軍綱吉の死去によって綱豊が六代将軍家宣（いえのぶ）となって以降、「浜御殿」の名で代々の将軍家別邸として明治まで続くこととなった。明治維新後は皇室の離宮となり「浜離宮」と改められた。1945年（昭和20）に東京都に下賜され、翌年から一般に公開された。現在の庭園の姿は十一代将軍家斉（いえなり）（1787〜1837年在位）の時代に完成されたもの。将軍自身が休息や釣り、鴨猟などの遊行を楽しむ場であると同時に、公家をもてなす

上＝**浜離宮恩賜公園の全景**　潮の干満差で池の水を入れ替えて浄化を達成している（中央区浜離宮庭園1丁目）／下＝**海水の取り入れ口**　この取り入れ口は現在も機能している（中央区浜離宮庭園1丁目）

迎賓施設でもあった。

潮入庭園で実現している循環型浄化システムは、脱炭素化社会を模索するうえで示唆に富んでいる。東京臨海部にある旧芝離宮恩賜公園や清澄庭園、隅田公園（旧水戸藩下屋敷）などはみな、潮入の技術を活かした庭園だったのだが、現在は治水上の制約で潮入を停止している。浜離宮恩賜公園だけが伝統的な潮入技術を維持しているのは、園全体が防潮堤で守られているからだ。強靭化を標榜する東京の治水対策や環境施策を考えるうえで、浜離宮恩賜公園は注目すべき「モデル」に違いない。

等々力
Todoroki

北の音無、南の等々力 1

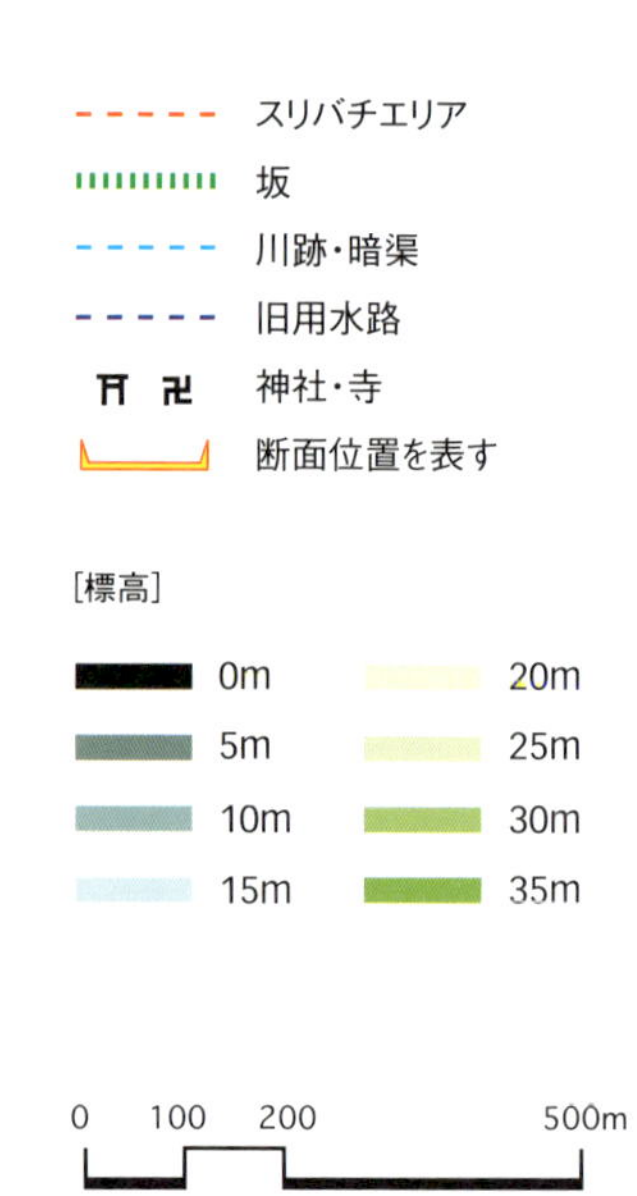

天祖神社
玉川警察署裏
⑤九品仏川支流の谷
東京都市大
等々力中・高
等々力6丁目
世田谷区
玉川神社
満願寺
ねこじゃらし公園
等々力駅
①等々力渓谷
尾山台駅
第三京浜入口
谷沢川
玉川野毛町公園
野毛大塚古墳
等々力渓谷
公園
等々力不動尊
A
環八通り
丸子川
六所神社
弁天堂
御岳山
古墳
③宇佐神社下の谷
狐塚古墳
B
ぽかぽか
広場
宇佐神社
寮の坂
伝乗寺
田園調布
雙葉中・高
②籠谷
六郷用水
田園調布八幡神社
照善寺
馬坂
多摩川
神奈川県
川崎市
多摩堤

平坦な武蔵野台地の南側は、国分寺崖線と呼ばれる段丘崖で突然に終わる。崖下に広がるのは多摩川の氾濫原、広大な沖積低地だ。国分寺崖線には幾筋もの谷が開析され、台地と低地の境界に多様なジグザグ線を与えている。代表的なのが等々力渓谷と呼ばれる深く細長い侵食谷である。等々力渓谷は河川争奪の結果、下方侵食によって台地先端部を谷沢川が深く削ったことで生まれた特異な地形である。その形成過程とはどのようなものだったのだろうか。

等々力渓谷を流れる谷沢川はもともと、段丘崖から湧き出た水が多摩川へと流れ落ちる短い河川にすぎなかった。しかし、その流れを上流側へと徐々に延ばし（谷頭侵食）、やがては上流部を流れていた九品仏川まで到達してしまった。すると、流量の多い九品仏川の水は、急流である谷沢川へと流れ込み、九品仏川上流は谷沢川に水流を奪われる格好となった。この自然現象を河川争奪という。九品仏川の水を奪って水量を増した谷沢川は、それまで削っていた段丘崖をさらに激しく下方へ侵食するようになり、現在見るような深い渓谷状の谷を形成したのだ。貝塚爽平氏は『東京の自然史』の中で、「九品仏川の上流を『斬首』した川は水量をにわかに増して下刻たくましくし、等々力渓谷を作った」と自然の営みを勇ましく表現している。

その等々力渓谷よりも東側に、峡谷状の谷と岬状の丘が交互に連なる地形が続く。台地に切り込むそれぞれの谷は、あたかも丘の上

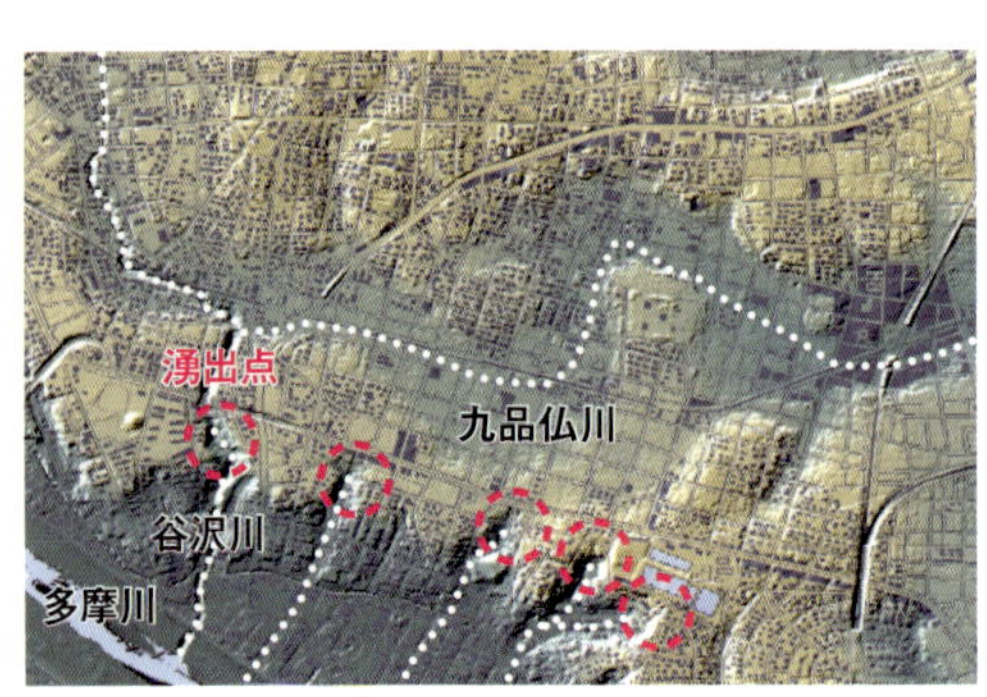

河川争奪までの経緯1　崖下からはいくつもの湧出があったものと思われる

を悠々と流れる九品仏川の流れを奪おうとする肉食系スリバチにも見える。どの湧出点も渓谷になりうるチャンスはあったのだ。

南斜面のこの一帯は古くから人が住みつき、御岳山古墳や狐塚古墳、野毛大塚古墳などが多く残されている。これらを野毛古墳群と呼び、田園調布古墳群と合わせて荏原台古墳群とも呼ぶ。古墳がいずれも舌状の台地突端に位置し、地形の起伏を強調しているかのようだ。スリバチの第一法則とは、現代の町に限った話ではないのだ。

武蔵野台地の中でもこの周辺に古墳が突出して多いのは、多摩川という豊富な水資源を活用し、広大で肥沃な低地を開拓した、大規

等々力渓谷とゴルフ橋　鬱蒼とした緑に包まれた別世界の渓谷が続く（世田谷区野毛1丁目・等々力1丁目）

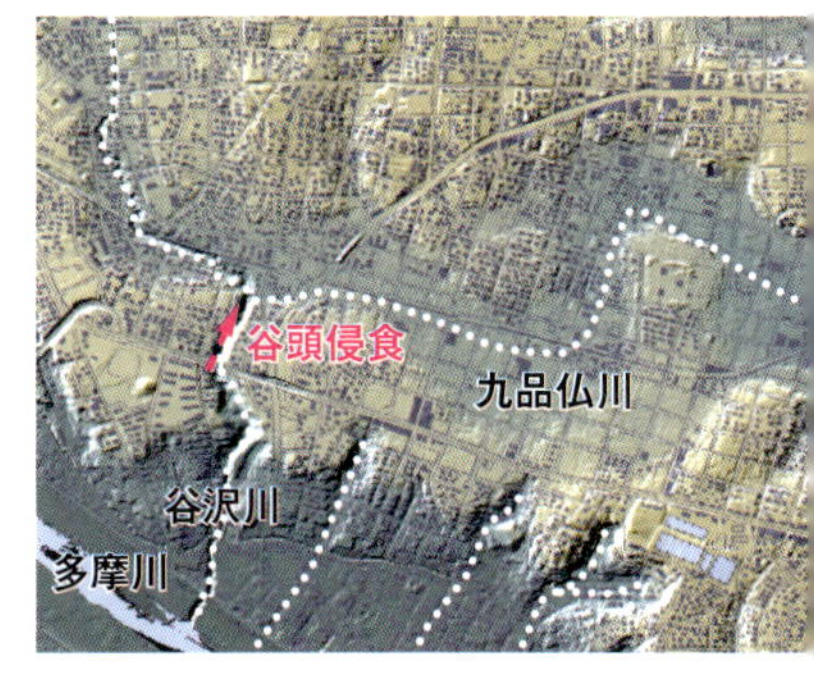

河川争奪までの経緯2　谷沢川が谷頭侵食によって北へと延びてゆき、九品仏川へ到達する

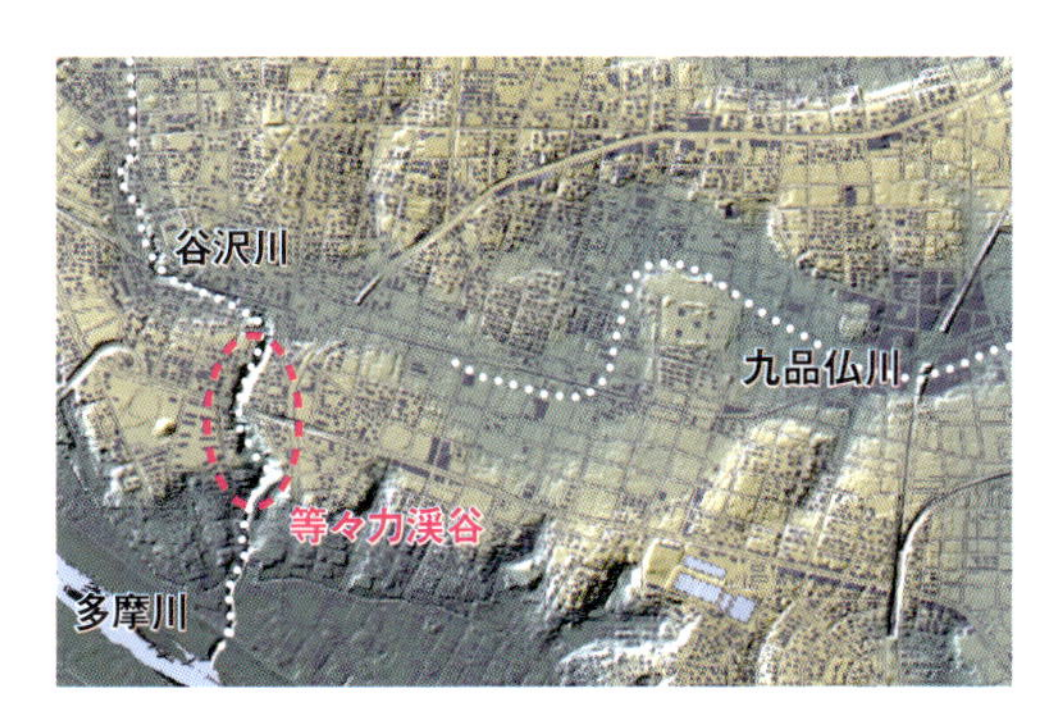

河川争奪までの経緯3　谷沢川によって上流を奪われた九品仏川は水量が不足し衰退した

野毛大塚古墳　全長82m、高さ10mの帆立貝式の前方後円墳。5世紀前半の築造（世田谷区野毛1丁目）

模農耕社会が成立していたことを意味する。すなわち弥生以来の生産性が高い農耕社会を背景とした、強力な首長の治める政治的集団があった証なのである。小規模な谷戸で稲作経営を続けていたローカルな集落とは、ケタ違いの規模を誇る集落が存在していたエリアなのであろう。

この章では、長い峡谷と舌状の台地が織りなす、起伏激しいアグレッシブな崖線景観と、草食系の穏やかなる侵食谷の楽しみ方を探ってゆきたい。

① 等々力渓谷

東急大井町線等々力駅で下車し、台地の裂け目を思わせる断崖を急な階段で下りると、緑に包まれた深淵なる等々力渓谷が待っている。遊歩道入口の赤い橋は「ゴルフ橋」と呼ばれ、昭和初期にこの付近にあったゴルフ場へ向かう人のためにつくられた橋としてその名がついた。

ここからは渓谷に沿って遊歩道が整備されており、せせらぎを間近に眺めながら下流へと散策できる。ところどころで崖線から湧き出た清水が遊歩道を横切っている。環八通りの下をくぐり、さらに南下すると斜面地を整備した等々力渓谷公園が広がる。このあたりには横穴古墳や稚児大師堂など見どころも多い。さらに進むと、川沿いの等々力不動尊宝珠閣と、崖下の不動の滝が見えてくる。渓谷に轟く滝の音から「等々力」と命名された由来の滝で、流れ落ちる水の量は都心の湧水と比べてもなかなかのものがある。役行者（えんのぎょうじゃ）ゆかりのパワースポットでもある不動の滝の脇の階段を上がると、崖上には等々力不動尊が祀られている。平安時代に不動明王像を安置したことに始まる古刹で、役行者の霊場として今でも行者が絶えない。境内には渓谷を見渡す展望台も設けられている。

この等々力不動尊の南には、見落としがちな小さな谷戸があり、谷頭から湧き出た聖水を溜めた小さな池（弁天池）もある。そしてその中島には弁財天がひっそりと祀られ、霊場的な雰囲気を漂わす。

等々力渓谷を流れた谷沢川は、弁財天からの細流も合わせ、多摩川低地へ流れ出たところで丸子川と出会う。丸子川は、六郷用水（次太夫堀とも呼ぶ）の下流域の名称で、多摩川沿いの低地に開拓された水田を灌漑する目的で導かれた水路である。現在は谷沢川に合流してはいるが（丸子川の下流側河道は谷沢川の水を汲み上げて流している）、もともとは谷沢川と立体的に交差し、下流域を潤す用水として活かされていた。谷沢川は、隧道状に埋設された石製の埋樋（うめどい）を介して丸子川（六郷用水）底部を抜ける構造で、用水の悪水吐（あくすいばけ）として利用されたらしい。

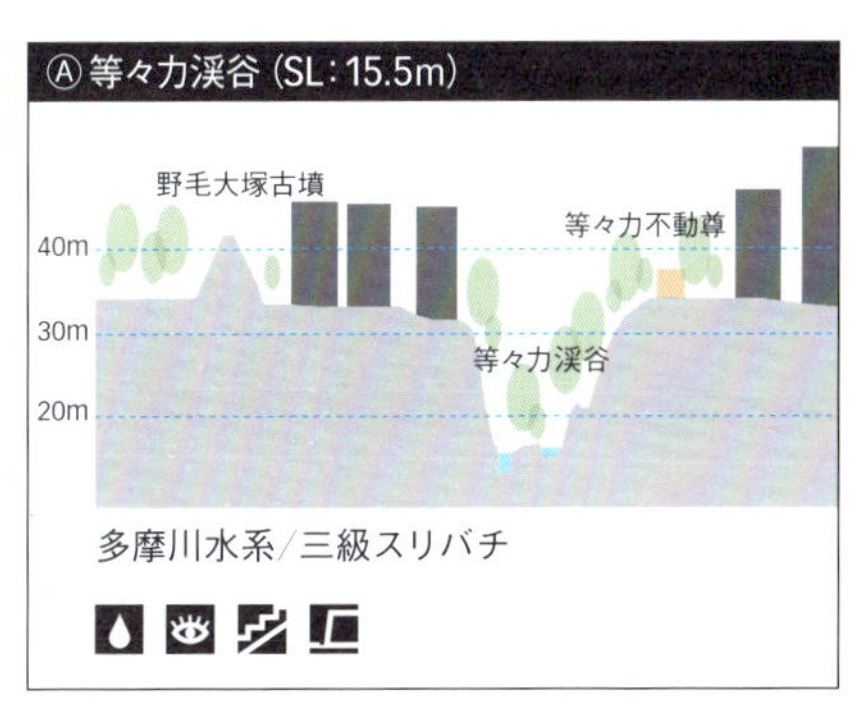

右＝**等々力不動の滝**　不透水層である渋谷粘土層上部から地下水が湧き出ている（世田谷区等々力1丁目）／左＝**森の中の弁財天**　谷沢川支流の谷頭近くに弁財天が祀られている（世田谷区等々力1丁目）

ちなみに、人工的な水路と自然河川はしばしば立体的に交差する。その代表が神田川の谷を越える上水道（神田上水）のために築かれた水路の橋、「水道橋」だ。ローマの水道橋のようにスケールは決して大きくないが、水路が張り巡らされていた低地の水田地帯では、ささやかな川の交錯部（水道橋）が随所で見られる。巧みに築かれた水路網から、「水をどう扱うか」ということに関し、わが国が多大な経験と技術を有していることを知るのである。

② 籠谷戸

等々力渓谷の東にはいくつかの谷筋が多摩川に向かって南下している。谷に分断された丘の突端には、宇佐神社や田園調布八幡神社が祀られ、住宅地となった低地からも緑に覆われた鎮守の杜はよいランドマークとなっている。このあたりでは水の流れる谷筋がいくつかあり、代表的なのは先の2つの神社に挟まれた「籠谷戸（ろうやと）」と呼ばれる二級スリバチだ。玉川浄水場直近に谷頭があり、流路は大田区と世田谷区の境界になっている。田園調布雙葉（ふたば）の学校敷地内を暗渠で通過し、上流部の開渠では谷戸から湧き出た流水を確認できる。

籠谷戸の崖下は、室町時代の頃には多摩川の水が際（きわ）に打ち寄せて

籠谷戸を俯瞰する　南向きの谷戸は明るく開放的な住宅地を演出している（世田谷区尾山台１丁目）

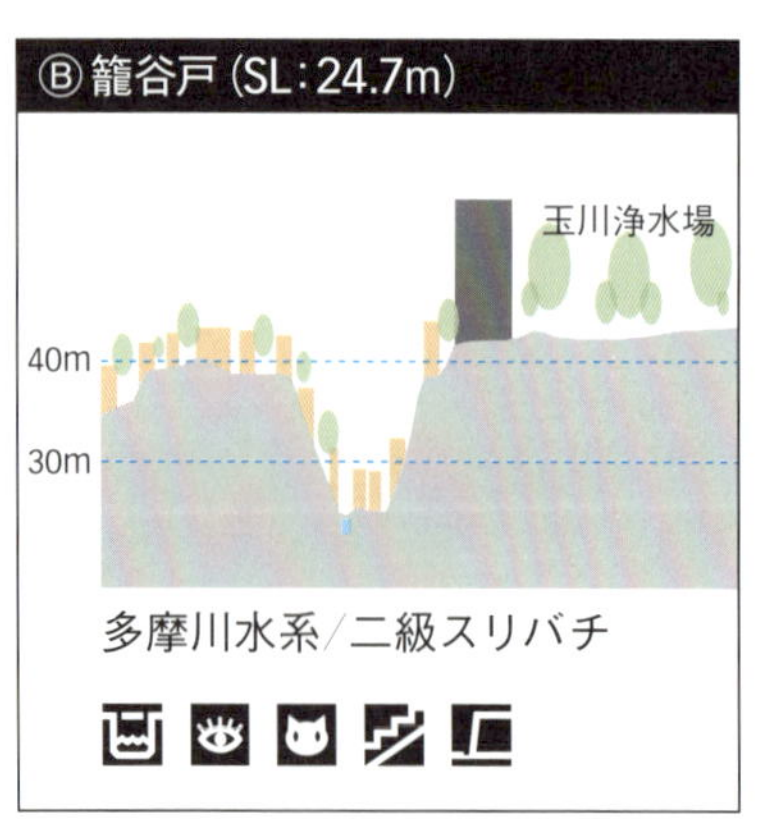

いたらしく、奥沢城（現在の九品仏浄真寺のある丘）への物資の陸揚げの場だったとする伝承も残されている。

③ 宇佐神社下の谷

宇佐神社が祀られる舌状の台地を回り込むように刻まれた小さな河谷でも、ささやかな水の流れを見ることができる。崖下の谷地にはかつて共同墓地があったとされ、発見された板碑は宇佐神社下の伝乗寺に祀られている。

さて、多摩川を南に望む起伏に富んだ高燥の台地は、現代においても良好な住宅地で、特にこのあたりでは、メンテナンスの行き届いた個性豊かな個人住宅をのんびりと歩いて見るのも楽しい。奥行きのある洒落た玄関アプローチ、手入れされた花咲く植え込み、職人が手仕事でつくった玄関ドアや窓の設え、そして控えめながらも瀟洒（しょうしゃ）な住宅の意匠。建設や整備にかけた労力とオーナーのこだわりは、大規模な建築物にも決して引けを取るものではなく、建売住宅ではなかなか叶わない凝った佇まいは見る者を飽きさせない。建物が密に並ぶヨーロッパの町並みと比べ、戸建ての住宅地は見て回るのに時間と気力を要するが、通りを行く人々をなごませ、町に潤

右＝**学校の隙間の暗渠**　田園調布雙葉の学校敷地内を水路が通過している（世田谷区尾山台1丁目・大田区田園調布5丁目）／左＝**境内に残る川**　伝乗寺の境内には、谷間を流れる小川が残されている（世田谷区尾山台2丁目）

いを与えている点では変わりがない。

④ 九品仏川の谷（未成熟な谷）

谷沢川に水の流れを奪われた九品仏川の旧河道は、等々力渓谷から尾山台駅あたりまで、その痕跡を確認しづらい。しかし、土地のわずかな起伏に着目しながら未成熟な谷を巡るのも味わい深いものがある。起伏の緩いこの一帯は、古くは小山村と呼ばれていたが、近くにあった同じ名の村（品川区の小山）との混同を避けるため「尾山村」と改められ、現住所に継承されている。

その尾山台駅より東側では町の窪みの底辺の水路跡が遊歩道に整備され、下流側の九品仏浄真寺周辺や、ねこじゃらし公園あたりまで下流に来ると川跡もわかりやすくなる。このあたりは宅地化される以前には「底なし田んぼ」とも揶揄された山の手の沖積地で、昭和30年代まではボート漕ぎもできるほど大きな九品仏池があった。

川の流れはこのあたりでは丑川（うしかわ）とも呼ばれ、九品仏浄真寺が建立される以前にあった奥沢の領主・大平出羽守の館を囲む濠に活かされていた。ここから下流域、自由が丘駅南を経由して緑が丘駅南で呑川と合流するまでは九品仏川緑道（佐山緑道）として整備され、

九品仏川の川跡　不自然に幅の広い歩道が九品仏川の川跡（世田谷区奥沢7丁目・目黒区自由が丘2丁目）

ねこじゃらし公園の水路　九品仏川の流れを再現したかのような水景施設。かつて九品仏池があったのもこのあたり（世田谷区奥沢7丁目）

住民の憩いの場にもなっている。かつては衾村の大字谷畑と呼ばれた農村であったが、鉄道の開通とともに発展し、現在の自由が丘の町となったものだ。自由が丘という町の名は、自由主義教育を目標に設立された「自由ヶ丘学園」にちなんでつけられた駅名が、町名にも採用されたものである。

⑤ 九品仏川支流の谷

未成熟な九品仏川の谷といえども、いくつかの支谷が存在する。その1つが玉川神社下の流れがつくった河谷だ。等々力8丁目あたりを水源とし、玉川神社下の満願寺境内を流れて南下し、等々力駅の南、逆川と呼ばれている暗渠に流れ込んでいたと思われる。逆川は九品仏川の旧流路と考えられているが、河川争奪後には尾山台付近の雨水と、満願寺を流れた細流を集めて、至近の谷沢川方向へと傾斜を持つ川だったと思われる。

等々力渓谷のようにワイルドでわかりやすい谷の魅力もさることながら、住宅地の微妙な高低差に隠された、古代の化石谷を探し出すのも、ちょっとした探偵気分を味わえて興味は尽きない。大地の凹凸はどこへ行ってもエンターテインメントと成りうる。

右＝**自由が丘の町並み**　九品仏川緑道は自由が丘の町に憩いの場を提供している（世田谷区奥沢5丁目・目黒区自由が丘1丁目）／左＝**玉川神社前の窪み**　九品仏川の支流は玉川神社前に緩やかな窪みをつくる（世田谷区等々力3丁目）

王子
Oji

北の音無、南の等々力 2

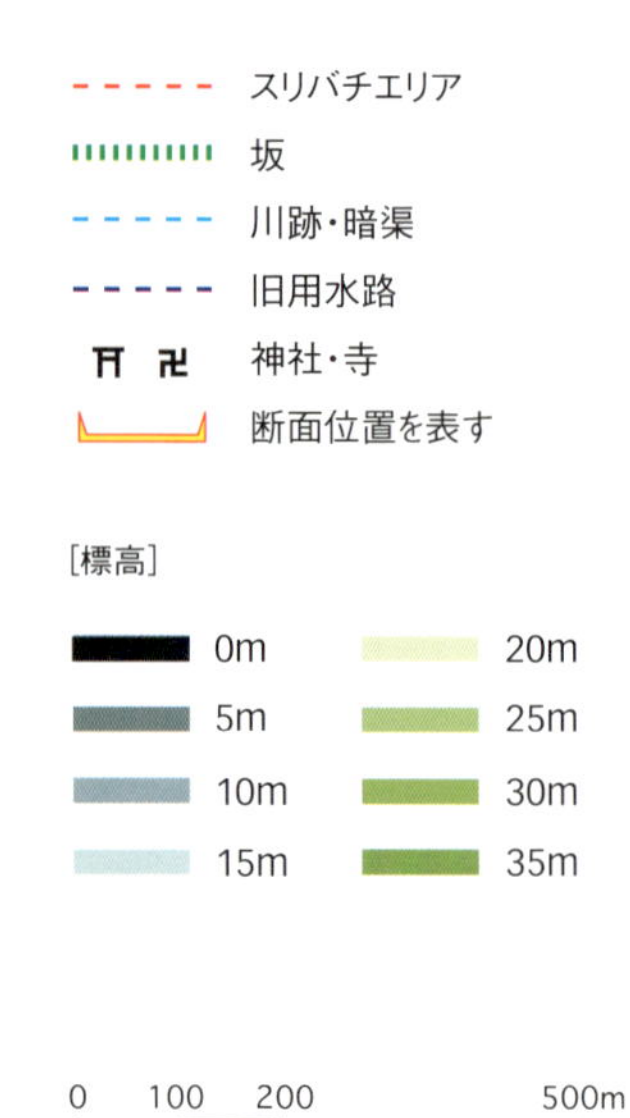

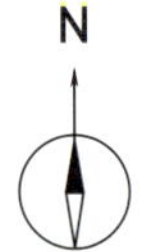

名主の滝公園
上郷上水
陸上自衛隊十条駐屯地
王子稲荷
北区
JR埼京線
北区中央公園
①音無さくら緑地の窪地
①音無もみじ緑地の窪地
権現坂
王子駅
王子神社
王子駅前駅
北区役所
王子駅
A
滝野川4丁目
金剛寺
音無さくら緑地
正受院
音無こぶし緑地
音無もみじ緑地
石神井川
千川上水
飛鳥山駅
飛鳥山公園
旧渋沢栄一邸
新板橋駅
狐塚の坂
八幡神社
都電荒川線
逆川
東京メト
首都高速中央環状線
滝野川一丁目駅
千川上水
千川上水分水
西ケ原四丁目駅
旧中山道
善養寺
西巣鴨駅
妙行寺
②妙行寺下の窪地
西ケ原3丁目
大正大
染井銀座
正法院
新庚申塚駅
下瀬坂
白山通り
本妙寺
慈眼寺
庚申塚駅
猿田彦大神
染井通り
上池袋
谷端川
②長池の窪地
染井霊園
地蔵通り
都営三田線
高岩寺
巣鴨新田駅
とげぬき地蔵入口
豊島区
巣鴨駅
大塚駅北口

武蔵野台地南端に等々力渓谷という東京の名所が存在するように、台地の北東端にも「音無渓谷」と呼ばれる江戸時代からの景勝地がある。この渓谷で分断された南の台地は飛鳥山と呼ばれ、一方の北側の台地には王子神社が祀られる。痩せ尾根状の台地を分断し、優美な渓谷をつくった川は、音無川（石神井川）の名で呼ばれる。その名は紀伊家から出た八代将軍吉宗が、故郷の熊野川上流の音無川に見立てて改称したもので、崖上の王子神社（＝熊野神社）にちなんでの命名とされる。一方の飛鳥山の名も、紀伊新宮の飛鳥明神の分霊を祀った飛鳥神社がもともとはこの地にあったことに由来する。飛鳥神社は1633年（寛永10）に王子神社境内に移された。

「等々力（＝轟）」と「音無」という極めて対照的な名を持つ2つの渓谷は、どちらも川の急変した侵食力によるものだが、音無渓谷のほうは、自然の営みなのか人為的なものなのか記録がないため、正直わからない。

このミステリアスな渓谷をつくった石神井川（音無川）は、中央線武蔵小金井駅北にある小金井カントリー倶楽部敷地内を流れ、源流は鈴木小学校内の鈴木遺跡付近とされている。武蔵関公園の富士見池を経て、三宝寺池や石神井池の水を合わせて東向きに流れ、武蔵野台地の東の端、飛鳥山へと至る。台地面を流れた川が、荒川低地へと滝のように流れ落ちていたため、滝野川との別称も持つ。

ところで、かつての石神井川は、飛鳥山下で流れる方向を南へ変え、現在の谷田川（根津、千駄木あたりでは藍染川とも呼ばれる）の川筋を南下し、不忍池に水を溜め、神田付近のお玉が池を経由して、東京湾に注いでいたとされ

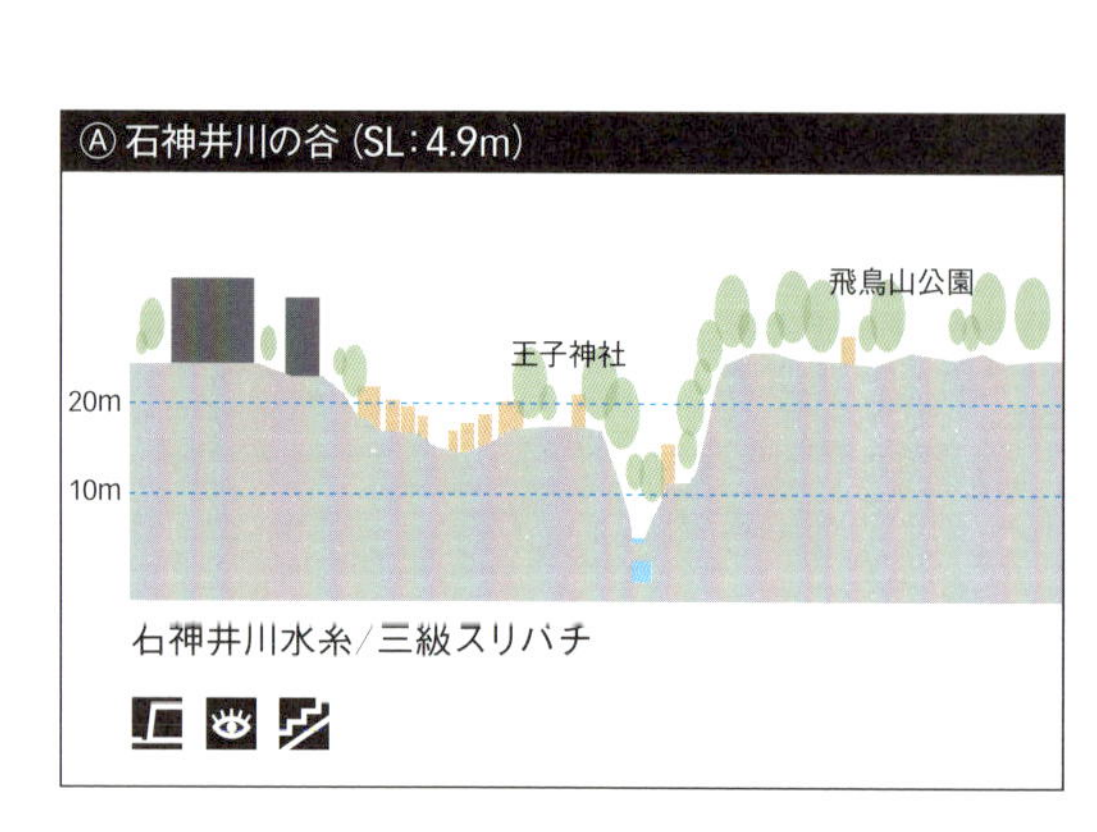

上＝**途切れる台地**　北とぴあの展望台から飛鳥山と王子神社の杜を眺める（北区王子1丁目）／右下＝**音無親水公園**　整備された公園で、音無川の渓谷に思いを馳せる（北区王子本町）／左中＝**崖の上の王子神社**　武蔵野台地の北東端に熊野権現を祀る王子神社がある（北区王子本町1丁目）／左下＝**飛鳥山を抜けた石神井川**　現在の石神井川は飛鳥山をトンネルで抜け、隅田川へ注いでいる。トラム下は旧石神井川の流路（北区王子1丁目）

ている。それがなぜ現在のように流路がショートカットされたのだろうか。その理由を説明する2つの考え方を以下に紹介したい。

まずは、自然の仕業とする考え方（自然開析説）だ。地元の北区史では、6000年前をピークとした縄文海進（有楽町海進）の最盛期頃、台地の崖際が急速に後退した結果、石神井川が台地のもっとも細る王子付近で崖端侵食を引き起こし、河川争奪によって流路を変えたと説明している。また、松田磐余氏の『江戸・東京地形学散歩』でも、この付近の等高線を分析し、分水界が読み取れること、そして荒川低地側の河道が蛇行しているのは自然河川の証拠であることなどから、河川争奪の結果であると結論づけている。

一方、人為的な結果（人工開削説）であると唱えるのは、『江戸の川・東京の川』の鈴木理生氏だ。氏は著書の中で、流路変更は豊島清光（としまきよみつ）の工事によると推論している。豊島清光とは中世の豪族で、源頼朝が敵の江戸重長（しげなが）を避けて敵前渡河を決行した際、その先導を務めたことで知られている。

また、『江戸の城と川』を著し、水と地勢に着目して古代からの「江戸」の変遷を論じた塩見鮮一郎氏もこの人工開削説に賛同している。当時の河口にあった江戸湊に石神井川の土砂が流れ込むのを防ぐとともに、荒川低地の灌漑用水としての役割を持たせるためだった、と説明している。

実際に歩いてみると、渓谷を挟んで上流側と下流側では河谷の性状が際立って異なることが印象的だ。特に上流側

古代石神井川の川跡　古代石神井川の川跡を、北西へと流れた細流は「逆川」と呼ばれた。現在は暗渠となっている（北区滝野川1丁目）

の不思議な凹凸地形はここならではのものである。音無の渓谷美を堪能した後はぜひ地形探偵気分で、この界隈を足で歩いて、「谷のストーリー」に思いを巡らすことを楽しんでいただきたい。

① 音無さくら緑地・音無もみじ緑地の窪地（川の記憶のスリバチ）

北区役所が立つ丘の麓、音無さくら緑地や音無もみじ緑地と呼ばれる窪地は、石神井川の蛇行跡を公園に整備したものだ。平らな沖積低地を蛇行する川が三日月湖と呼ばれる川跡を残すのは一般的だが、石神井川の蛇行の名残は深く断崖状なのが特徴だ。これは石神井川が荒川低地にショートカットし、急激に侵食力を増したため、河床が下へと掘り下げられた結果と思われる。そのためここでは等々力渓谷と同じく、崖の岩肌から清水が湧き出ている箇所が観察できるし、崖には多くの滝があったとする記録も残っている。

音無さくら緑地　渓谷状の蛇行跡は公園として散策でき、崖線の露出した地層では湧水も見られる（北区王子本町1丁目・滝野川2丁目）

音無もみじ緑地　蛇行跡には団地が並び、その中央に遊水池が設えられている（北区滝野川3・4丁目）

染井霊園内の長池跡　長池跡は周囲よりも窪み、共同墓地に利用されている（豊島区駒込5丁目）

『名所江戸百景』王子瀧の川　名所として滝や弁財天が描かれている（国立国会図書館蔵）

②長池の窪地・妙行寺下の窪地

石神井川が荒川低地へと逸れ、川の上流部を失った谷田川にも幾筋かの流れが合流している。そして、支谷の先端へと至る流路は比較的辿りやすい。

代表的な谷頭は、染井霊園内の窪地にある長池跡だ。池の跡の細長い窪地は霊園内の墓地に転用されている。谷頭から200mほど下流では千川上水支流の土手の切通しが見られ、さらに川跡を下ると、本妙寺門前に「染井橋」と刻まれた橋の親柱も確認できる。この本妙寺は、1911年（明治44）に本郷より移転してきたもので、1657年（明暦3）、江戸市街地の3分の2が焼け、10万人以上の死者を出した振袖火事（明暦の大火）の火元となったことで名を知られる寺院だ。

染井霊園のほうは、1874年（明治7）に雑司ケ谷霊園・青山霊園とともに開設された公営の丘の上の墓地で、もともとは建部内匠頭（たけべたくみのかみ）の下屋敷だった場所である。

もう1つの谷頭は西巣鴨4丁目の正法院や妙行寺などの寺院群（明治になって、下谷・四谷・浅草などから移転してきたもの）があ

霜降銀座のにぎわい 本郷通りが谷田川を渡る橋が霜降橋。商店街の名もそこからつけられた（北区西ヶ原1丁目）

妙義神社参道の谷 谷田川支流が妙義神社前を流れていたため、谷越えの参道となっている（豊島区駒込3丁目）

る窪地で、ここから流れ出ていた川の流路が北区と豊島区の区界になっており、細い暗渠路は本妙寺下まで辿ることができる。本妙寺はこれら2つの河谷を見下ろす台地の上にあるのだ。

③ 妙義神社下の窪地

谷田川の下流では、旧国鉄官舎裏（駒込4丁目あたり）の千川用水分流跡を谷頭とする小さな河谷が、住宅地の中に残る。大國神社と妙義神社の丘に挟まれたプチスリバチである。この妙義神社が祀られた本郷台地の崖線の並びには、染井の地名の由来である泉（井）があったとされる染井稲荷神社もある。

④ 谷田川の大らかな谷

上野台地と本郷台地を隔てる旧谷田川の流路に沿うように、染井銀座商店街と霜降銀座商店街というローカルな商店街が続く。下流側は、駒込銀座・田端銀座・よみせ通りと続き、谷中のへび道へと至る。石神井川という大きな河川の水量が減じ、水害リスクの減った谷田川沖積地は、商店街には最適な場所だったのであろう。「坂を下りた商店街」はマーケット的にも有利な立地条件といえるからだ。

この谷田川の谷を挟み、本郷台の六義園と上野台の旧古河庭園が向かい合っている。

六義園は五代将軍徳川綱吉の御用人を務めた柳沢吉保（やなぎさわよしやす）が1695年（元禄8）に造営を始めた庭園で、自然の谷戸地形に頼らない、数少ない江戸期からの庭園である。明治になってからは三菱財閥の岩崎家の所有となり、1938年に東京市へ寄付されて翌年から一般に公開された。園内の大きな池は、千川上水の水を導いてつくった人工池で、池の三方を築山が囲み、人工の二級スリバチとなっている。園内最高峰の藤代峠からは、大池・築山・水路が望め、シークエンスで景観の変わる回遊式築山泉水庭園の醍醐味を味わえる。

一方、対岸に位置する旧古河庭園は、崖線を巧みに利用した洋風と和風の庭園が同居する。元は明治の外交をリードした陸奥宗光（むつむねみつ）の屋敷地だったもので、氏と姻戚関係を結んだ古河財閥に譲られ、三代目古河虎之助が庭園を整備した。崖上には、ジョサイア・コンドル設計の瀟洒な洋館が

六義園の眺め　築山（藤代峠）から広大な回遊式築山泉水庭園を望む（文京区本駒込6丁目）

深い谷を見下ろしている。丘の上の洋風庭園から低地へ下りると、「心」の字をかたどった心字池を中心に、大滝や大灯籠などが配された日本庭園が広がる。心字池は崖下の湧水を利用したもので、復元された渓谷美は公園系スリバチの典型である。

④ 平塚神社の丘

上野から続く台地の眼下には、広大な荒川低地が広がっている。台地端部が崖状なのは、約6000年前の縄文海進の際、崖下まで波が押し寄せ、下層の東京層を掘り込んだためだ。この波食台地の突端に祀られているのが平塚神社だ。この丘にはかつて、先に紹介した豊島氏の居城・平塚城があり、源義家が奥州征伐の帰りにこの城に立ち寄ったとされる。豊島氏から手厚い歓待を受けた義家は、その礼に甲冑を贈り、豊島氏は城の守り神にとその甲冑を土に埋め、平らな塚（甲冑塚）を築いた。しかし、太田道灌によって豊島氏最後の防衛拠点だった平塚城もついには落城し、その跡に平塚神社が建立されたのだった。

台地の端の平塚神社　社の裏手は高低差20mほどの崖で落ち込み、先には荒川の沖積低地が広がる（北区上中里1丁目）

旧古河庭園の日本庭園　日本庭園は崖下の湧水を利用したものと思われる。崖上には洋風庭園もある（北区西ヶ原1丁目）

落合
谷の出会い

Ochiai

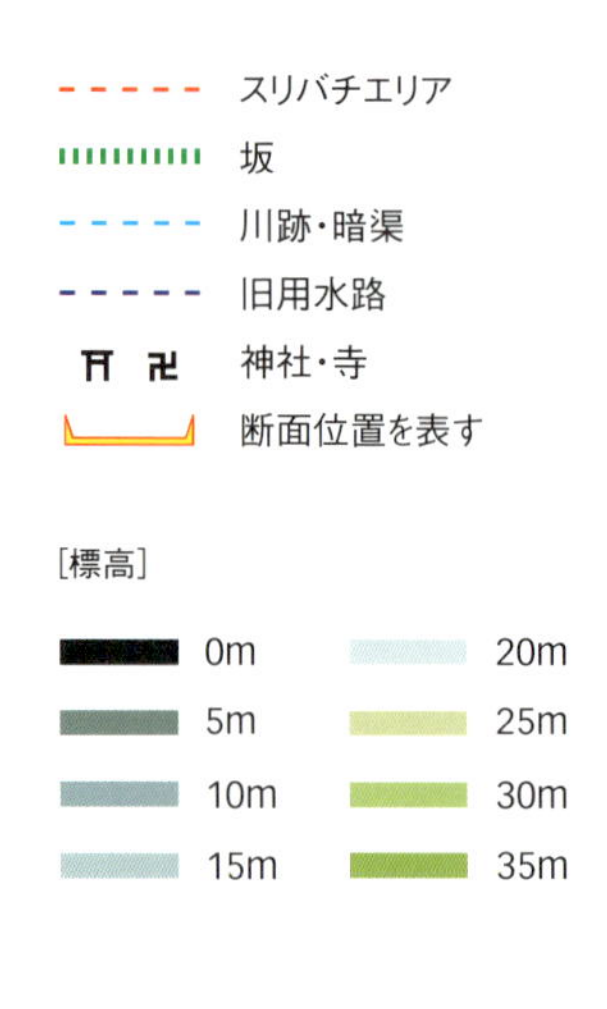

長崎神社
金剛院
椎名町駅
南長崎
長崎中学校前
落合南長崎駅
山手通り
南長崎1丁目
葛谷御霊神社
厳島神社
③不動谷
西久
①葛ヶ谷
聖母病院
聖母坂
落合第一小
光徳院
目白大
中井御霊
神社
一の坂
前谷戸の谷
新目白通り
中野上高田
公園
林芙美子
記念館
四の坂
八の坂
西武新宿線
下落合駅
中井駅
落合公園
妙正寺川
中井駅
神足寺
落合水再生
センター
功運寺
A
願正寺
落合中央
公園
落合斎場
都営大江戸線
東京メトロ東西線
②上高田支流の谷
白桜小
落合駅
小滝橋
保善寺
神田川
中野区
東中野駅
JR中央・総武線
東中野駅

落合とは、神田川と妙正寺川の2つの河川が落ち合う場所を指す地名で、もともとは氾濫原に水田の広がる農村地帯であった。都市化に伴う宅地化が進んでからは、川の合流地点ゆえ、大雨のたび出水の常襲地帯となり、その対策として一時的な貯水（遊水）機能を地下に有する人工地盤の公園（中野上高田公園・落合公園）や、放水路（高田馬場分水路）が新設された。地名の由来ともなった落ち合う川の1つ妙正寺川は、今は神田川から分けられた高田馬場分水路とともに暗渠となって、神田川本流とはこの場所で落ち合うことなく新目白通り下を流れ、高戸橋付近で合流している。

落合に限らず、河川氾濫原でもある肥沃な沖積地の土壌は、古代から豊かな稲作文化を育んできた。沖積地の代表的土地利用形態であった水田は、遊水と浸透の機能を持つため、降雨量の多いアジアモンスーン地域の低湿地にはふさわしい土地利用ともいえる。川の流れとは本来、「氾濫原」の言葉が示すとおり定まらないものなのだ。都市化が進んでからの沖積地では、稲作のほか、製紙、染色、製粉などの産業が川の恩恵で育まれていた。今では河川は都市生活から遠ざけられているが、水辺を活かした生活が営まれていた時代もあったのだ。

さて、妙正寺川を見下ろす南向き斜面の崖を、このあたりでは「バッケ」とか「パッケ」と呼ぶが、これは国分寺崖線の「ハケ」と同じ意味である。このあたりのバッケでは今でも多くの湧水が見

られ、国分寺崖線と同様に、崖と窪地の見どころが多く連なっている。

一方、バッケの上の段丘面は、南に展望が開けた閑静な住宅地となっている。このあたりは、関東大震災で被害の大きかった下町の人々や、地方から東京へやってきた新市民が住宅を構えた場所である。当時は大正デモクラシーの高揚を背景とした生活の洋風化や合理化のブームがあり、和風住宅に洋風の応接間をつけた「文化住宅」と呼ばれたモダンな住宅もこの界隈で散見される。また、箱根土地株式会社（のちのコクド＝かつての西武グルー

四の坂を見下ろす　階段の右側が林芙美子記念館（新宿区中井２丁目）

落合公園（妙正寺川調整池）　妙正寺川が増水すると落合公園下の貯水池に一時的に水を蓄えるしくみになっている（新宿区中井２丁目）

プの中核企業）が売り出した「目白文化村」と呼ばれた分譲住宅地も点在しており、当時の山の手住宅文化の片鱗を垣間見ることができる。

また、この台地面の宅地開発は第二次大戦後と比較的遅かったため、多くの遺跡が発掘された。落合遺跡とも呼ばれるこの一帯では、無土器文化の古い時代から、縄文、弥生と1万年単位の複合遺跡が確認されている。

なお、妙正寺川の低地へと下りる坂道には一から八の名がつけられ、四の坂途中には『放浪記』や『浮雲』で知られる作家の林芙美子が生涯を閉じるまでの26年間住んだ家が、「林芙美子記念館」として公開されている。

① 葛ヶ谷

西落合の旧村名である「葛ヶ谷」の由来は、植物の葛が生えている谷地だったとするのが一般的な説だ。谷というよりも広い盆地状の低地で、宅地化される前は妙正寺川の流域とともに豊かな水田地帯だった。葛ヶ谷村分水と呼ばれた川が盆地の中を流れ、谷頭近くの千川用水から補水を

林芙美子記念館にて　書斎から妙正寺川崖線の緑を眺める（新宿区中井2丁目）

目白文化村の痕跡　自然石でできた塀と側溝が目白文化村と呼ばれた住宅地の名残（新宿区中落合4丁目）

受け、灌漑用水として水田を潤していた。現在の新宿区と豊島区の区境がその流路跡だ。盆地を見下ろす両側の台地突端には葛谷御霊神社と中井御霊神社が祀られ、葛ヶ谷のスリバチを両側から見下ろしている。

② 上高田支流の谷

妙正寺川の右岸、神足寺や願正寺が建立されている高台の足元に、細い路地状の川跡が残されている。この流路は新宿区と中野区の区界を成し、落合斎場の敷地を貫通し、その場所では小さな橋が暗渠路を跨いでいる。落合斎場の起源は江戸時代にこの地にあった法界寺荼毘所で、都市施設としての斎場（荼毘所）が谷戸に立地する典型例といえる。他にも桐ヶ谷斎場や狼谷の代々幡斎場、古くは千日谷や我善坊谷など、谷戸の斎場の例は多い。寺院の墓地は谷間や窪地で多く観察できるが、東京スリバチ学会ではこうした谷間の墓地を「クボチ」または「スリボチ」と呼んでいる。

この上高田支流の水路跡を上流へと辿ると、保善寺下で

上高田支流の谷　保善寺境内から上高田支流の谷を俯瞰する（中野区上高田1丁目）

葛ヶ谷の暗渠路　葛ヶ谷を流れた水路跡の道（新宿区中落合4丁目・西落合2丁目）

墓地の石材をリユースした石積みの擁壁に遭遇できた。まるで古代遺跡のように風化が進んだ石の彫刻群との出会いは、スリバチ探検の昂揚感を煽るに十分すぎる演出だ。アンコールワットやボルブドゥールなどの忘れ去られた遺跡を密林の奥地に発見したような気分に浸れた。

③ 不動谷

新宿区中落合3丁目に、地形図では表現しにくい小さな窪地が存在している。住宅地に残されたこの窪地は、四方向を丘で囲まれた一級スリバチなのである。もともとは落合第一小学校裏の谷と連続する天然の谷戸だったようだが、山手通りの建設と目白文化村造成の際、谷の出口側が塞がれ、現在のような不思議な地形となったらしい。明治時代、このあたりの字名は「不動谷」で、由来の不動を見つけることはできないが、弁天池と呼ばれた小さな池が谷頭にあったらしく、厳島神社がその生き証人のように住宅地の一角にポツ

不動谷の一級スリバチ　住宅地に突然現れる向かい合う階段が不動谷の存在を知らせてくれる（新宿区中落合3丁目）

遺跡のような石積み　暗渠探索で唐突に出会えた、彫刻の施された石積み擁壁だが、残念ながら現在は右下の写真のように塗装が施されている（中野区上高田1丁目）

ンと取り残されている。

④ 野鳥の森公園の窪地

目白台の急峻な南向き崖線は、薬王院（東長谷寺）と野鳥の森公園があるあたりで若干の窪みを持ち、奥行きの浅い二級スリバチ地形を形成している。斜面が木々で覆われた野鳥の森公園は、かつての農家の庭の一部で、崖下では湧水も確認できる。一方、薬王院は奈良の長谷寺の末寺で、東長谷寺とも呼ばれ、谷戸に立地する寺院の典型だ。斜面を活かした広大な庭園には、本山の長谷寺から牡丹が移植され、4月下旬の開花の頃には見物客でにぎわう。薬王院脇には、台地と低地の高低差を一気に結ぶ名のない階段があり、神田川の低地を一望できる。

⑤ おとめ山公園の窪地

おとめ山公園のある一帯は江戸時代、将軍の鷹狩りの地で、庶民は立ち入りが禁止されていたことから

野鳥の森公園　野鳥の森公園では崖下からの湧水を溜めた池が残る（新宿区下落合4丁目）

薬王院横の階段　崖線を一気に下る名のない階段（新宿区下落合4丁目）

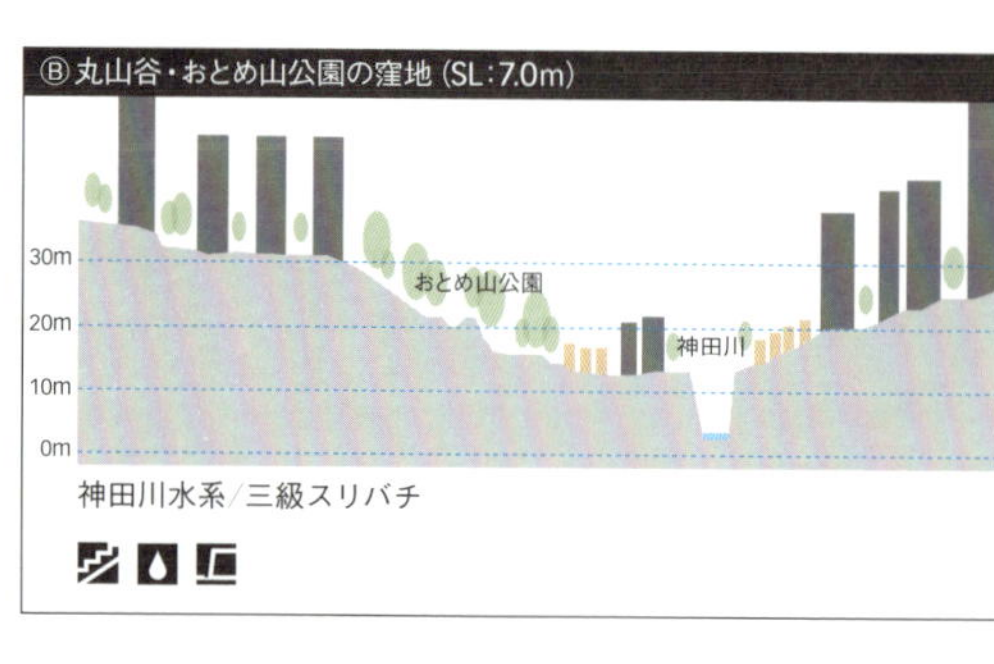

東園の弁天池　弁財天は失われているが、池の真ん中に島が残る（新宿区下落合3丁目）

「御留山（おとめやま）」の名がつけられたものだ。明治以降は相馬家の屋敷となり、太平洋戦争の頃に土地は分割売却されたが、谷戸の庭園だけは地元から起こった保存運動によって救われ、1969年（昭和44）に新宿区立おとめ山公園として開園した。

おとめ山公園は2つの河谷をその園内に取り込み、典型的な公園系スリバチのしっとりとした風情が味わえる。1つは北から続く長い河谷で、その端部にあるのが東園にある弁天池だ。もう1つは東山藤稲荷神社の麓にある渓谷状の谷で、西園と呼ばれ、上の池・下の池と呼ばれる谷戸の池には豊島台から湧き出た水が流れ込んでいる。谷頭最深部は「泉の広場」として整備されているため、湧き続ける水源を間近に見ることも可能だ。

⑥ 丸山谷

最後に、もともとおとめ山公園へと続いていた細長い河谷の上流部にも注目しておきたい。反対側まで50mに

丸山谷の窪地　丸山谷と呼ばれた小さな窪地にはかつて池があったが、現在は住宅地となっている（新宿区下落合3丁目）

おとめ山公園・泉の広場　おとめ山公園西園の谷頭では、今も水が湧き出る現役の湧水源がある（新宿区下落合2丁目）

も満たない局所的な二級スリバチ地形は丸山谷と呼ばれ、谷頭にはかつて池があり、「林泉園」と名づけられた庭園の一部であった。現在はマンションが立ち並び、住宅地の中に土地の起伏は隠れているが、直角に折れ曲がり、おとめ山公園まで南下するその不思議な地形は歩いてこそわかる。谷を認識しづらいのは、財務省官舎（旧大蔵省官舎）建設に伴う造成で谷筋の途中が埋められ、おとめ山公園との連続性が断ち切られているためだ。近年、官舎の敷地一部が公園に加えられ、おとめ山公園は上流側へ拡張された。

神田川を南に望む谷壁斜面は、切土・盛土によって人工的に改変された土地も一部はあるが、保全された自然斜面とまとまった緑地もそれなりに点在していることがわかる。そして保全に至る過程で、地元を愛する住民の意識と活動が介在していた経緯も知らされるのである。

辿り着ける谷 中目黒

Nakameguro

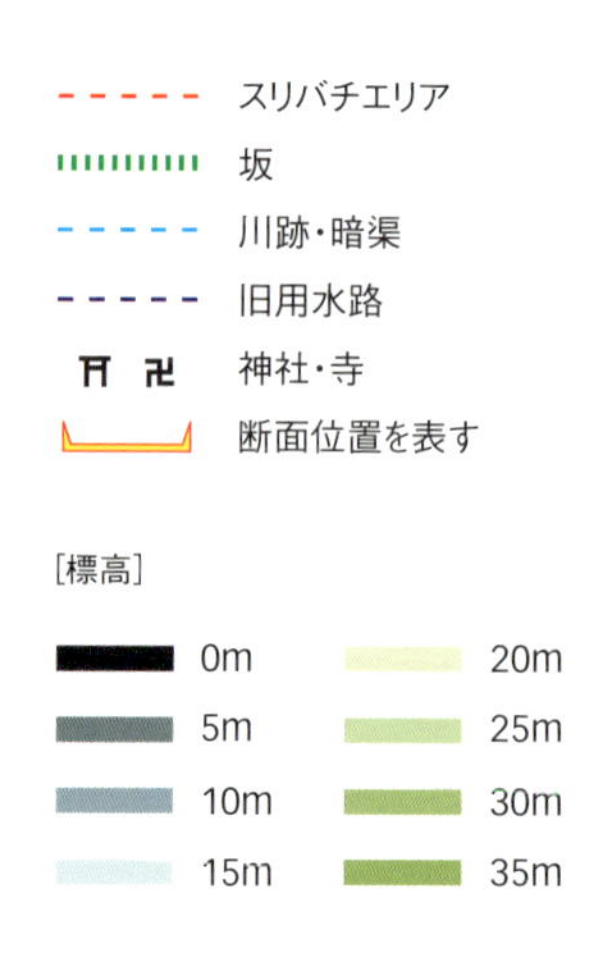

東急田園都市線
首都高速3号渋谷線
大橋JCT
池尻大橋駅
玉川通り
池尻
池尻稲荷神社
東山貝塚公園
菅刈公園
西郷山公園
旧山手通り
上村坂
青葉台1丁目
目黒川
旧朝倉
自衛隊中央病院
防衛省技術研究本部
中目黒駅
③蛇崩川の谷
B
世田谷公園
烏森稲荷神社
蛇崩川
目黒銀座
半兵衛坂
東急東横線
日黒区総合
稲荷坂
④天祖神社裏の
謡坂
天祖神社
世田谷区
伊勢脇公園
中目黒八幡
蛇崩川支流
⑤蛇崩川支流の谷
祐天寺駅
駒沢通り
祐天寺
祐天寺2
三宿通り
五本木小
守屋図書館
目黒区
三角山公園
②谷戸前川の
五本木
中町通り

「2万分1正式図」（1909年〔明治42〕測図より）
目黒川沿いは水田が広がり、水車が点在していた

上＝**目黒川の舟溜**　目黒川の船入場は公園と地下貯水池に整備されている（目黒区中目黒3丁目）／下＝**蛇崩川と目黒川の合流地点**　中目黒駅のすぐそばで蛇崩川は目黒台に合流している（目黒区中目黒2丁目）

淀橋台と目黒台の狭間を流れる目黒川、その中流域にある中目黒駅周辺も今ではすっかり市街化され、高層ビルの立ち並ぶ繁華街が続いているが、かつては豊かな水田が広がる低湿地で、川岸には水車が点在し、精米や製粉・雑穀加工が行われていた。明治の中期頃からは、水車の動力を薬種の精製やガラス磨きなどに活かす中小の工場が多く立地したが、大正の末期には動力源を電気などへ譲り、水車は姿を消していった。

目黒川は上げ潮の際、舟行に便するよう拡幅され、中目黒駅からほど近い田楽橋先に荷揚げをするための船入場（舟溜）が設けられていた。

この目黒川に、目黒台から流れ出た複数の河川が複雑な谷を削って合流している。それらの目黒川支流は、北から蛇(じゃ)

崩川、谷戸前川、羅漢寺川と呼ばれ、河谷と台地面から成る豊かな起伏が、山の手の閑静な住宅街を育んだ。
一方、中目黒駅周辺は地形的に「ミニ渋谷」とも呼べる窪地性状を持ち、渋谷が至近の丘に松濤や神山町などの高級住宅地をしたがえているように、中目黒駅の周りも代官山や諏訪山など静かな高級住宅地が囲んでいる。蛇崩川が目黒川に合流する沖積地である中目黒駅周辺は、路地裏の古い木造住宅などが個人経営のショップやカフェにリノベーションされていて、ぶらぶらと散策するのも楽しいエリアとなっている。ここでは、目黒川・蛇崩川・谷戸前川の川筋に注目し、都市の奥行きを深めている谷地形を紹介したい。

① 目黒川の谷

まずは、目黒川のつくったおおらかな谷を俯瞰しておきたい。冒頭の凹凸地形図の範囲では南東に向かって流れる目黒川を挟んで両側の斜面が非対称谷となっている。すなわち、南向き斜面が断崖状となっているのに対し、向かい合う北向き斜面はなだらかな性状を示す。その原因については、日当たりの違いに起因する風化作用の速度差による「霜柱学説」と、武蔵野台地のプレート全体が傾いて沈降し、川が北側へ平行移動する「地殻変動説」とがある。

中目黒周辺では谷の性状に限らず、入り込む支谷にもはっきりとした違いがある。北向き斜面には湾曲した支谷が分岐しているのに対し、南向き斜面に入り込む谷筋はなく、崖からほど近くに尾根筋が走り、そこを三田用水の流路に使われていた。つまり支谷はどれも大まかに見れば北東方向へと流れていて、プレート自体の傾きに起因するようにも見える。

さて、南西に開けた断崖状の斜面は眺望に恵まれ、富士山を眺めるには絶好の地であった。現在、西郷山公園となっているあたりの丘に目黒元不二と呼ばれた富士塚が、中目黒2丁目の別所坂近くに新富士と呼ばれた富士塚があった。富士塚とは、霊峰富士山へ登る疑似体験・信仰のために富士講の人々によって江戸の各地に築かれたものだ。富士山で修行を積んだ修験者たちが富士講を結び、人々を富士山へ先導していたが、富士塚は富士山に登りたくても登れない人たちのための富士登山のテーマパークのようなものであった。

この南向き崖線は、西郷山公園や菅刈公園の敷地として整備され、斜面は緑地として保全されている。どちらの公園ももともとは豊後の岡藩主中川家の抱屋敷(かかえ)で、斜面は回遊式庭園の滝や池に活かされていた。明治になって、西郷隆盛の弟・西郷従道の邸宅となったため、この一帯は西郷山と呼ばれるようになった。現在、菅刈公園にある滝と池は発掘調査を元に復元されたものである。

また、重要文化財に指定された旧朝倉家住宅内でも、崖線を活かした見事な回遊式庭園を見学できる。稜線に築かれた三田用水の水を園内に引き込み、滝もつくられていた。現在は水の流れは失われているが、庭園内にその痕跡を見ることができる。

なお、立ち入りはできないが、現在の防衛省艦艇装備研究所の敷

菅刈公園 菅刈公園では、かつての回遊式庭園の一部が復元された(目黒区青葉台2丁目)

新富士跡より目黒川の谷を望む 別所坂を上りきった右手の高台には新富士と呼ばれた富士塚があった。現在はマンション敷地の一角として日中開放され、目黒川の谷を望める(目黒区中目黒2丁目)

地は、千代ヶ先と呼ばれた眺望のよい台地で、かつては九州島原藩主・松平主殿頭（とのものかみ）の下屋敷があった場所である。屋敷は「絶景館」と名づけられ、三田用水から引き込んだ水が何段にも折れる滝池に落ちていた。

一方、支谷の多い北向きの谷壁斜面においては、東山貝塚公園や中目黒八幡神社の境内で、現在でもわずかながら湧水を確認できる。

② 谷戸前川の谷

谷戸前川は耕地川とも呼ばれ、水源は祐天寺南（小字名「谷戸前」）付近の旧目黒区立第6中学校（中央町2丁目）一帯の湧水とされる。祐天寺下で祐天寺2丁目交差点あたりから発する支流を合わせ、目黒区民センター公園（目黒2丁目）付近で目黒川に合流する。谷戸前川が目黒川低地に出る岬状の台地の際に、平安時代の創建とされ、古江戸九社にも数えられる古刹・大鳥神社がある。

蛇崩川と谷戸前川の分水嶺にあたる丘にあるのは祐天寺で、1718年（享保3）創建の比較的新しい寺院だ。八代将軍吉宗の時代に建立の許可が下りて「明顕山祐天寺（みょうけんざんゆうてんじ）」の寺号が授与され、以来、将軍家の庇護を受け、徳川家とゆかりのある寺として栄えてきた。

中目黒八幡神社脇の湧水　神社参道脇の崖下では今でも湧水が見られる（目黒区中目黒3丁目）

旧朝倉家住宅　旧朝倉家住宅では、淀橋台南斜面の崖地も味わいたい（目黒区青葉台1丁目・渋谷区猿楽町）

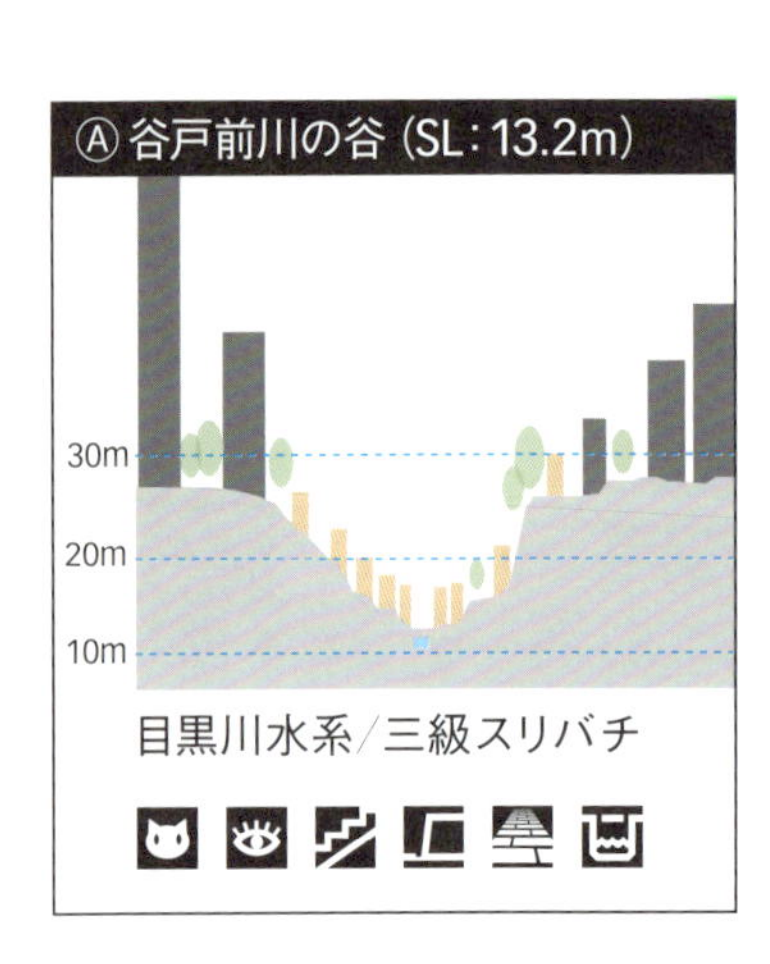

歩車分離の暗渠路　車道と決別する広い歩道部分が谷戸前川の暗渠。タモリ氏が語っていた「不自然な片側歩道には気をつけろ」の光景だ（目黒区中目黒5丁目）

谷戸前川の暗渠路　谷戸前川の暗渠路は歩きやすく、静かな雰囲気もいい（目黒区目黒3丁目）

谷戸前川の谷を望む　十七が坂から谷戸前川の河谷を望む（目黒区目黒3丁目）

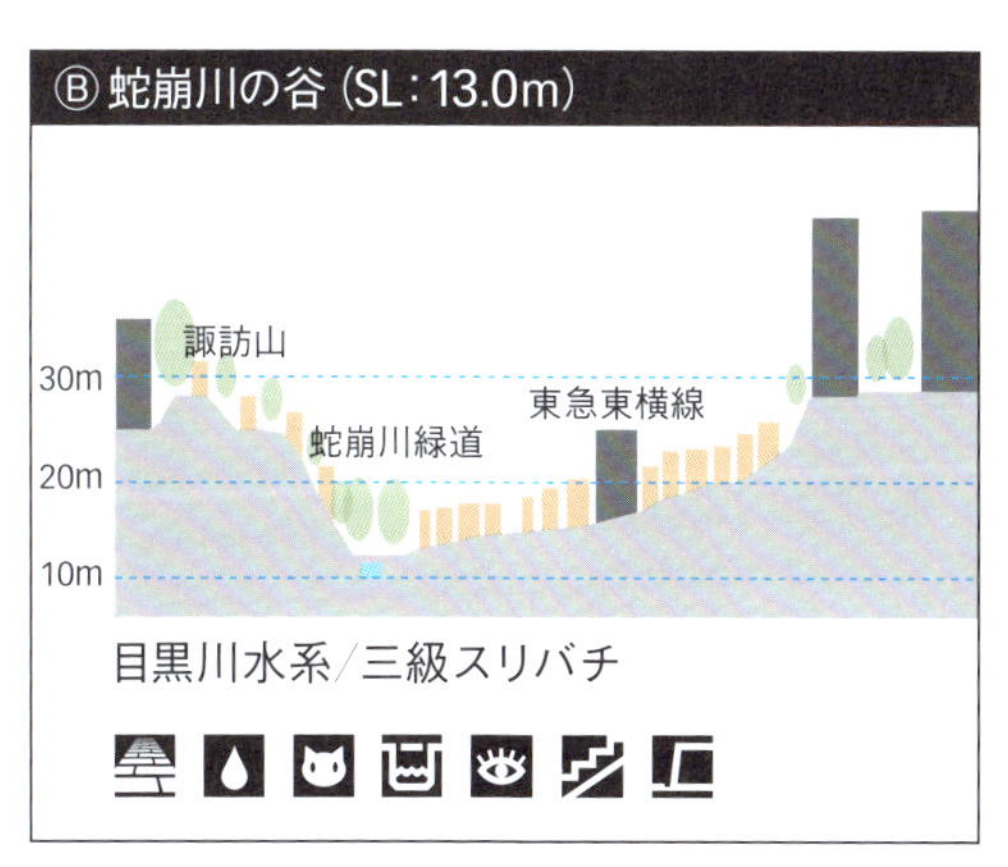

蛇崩川緑道　蛇崩川緑道右手は、諏訪山と呼ばれる高級住宅地（目黒区上目黒3丁目）

さて、住宅地の中を流れていた谷戸前川の川跡では、さまざまな暗渠風景が展開され、暗渠巡りの格好の入門コースになっている。例えば、大塚山公園下ではいかにも暗渠らしい潤いのある小路がくねくねと続き、中目黒5丁目あたりでは、車道と同じ幅を持つ歩道が川跡の名残を伝えてくれる。祐天寺下で流れは二筋に分かれ、一方は、駒沢通りの祐天寺2丁目交差点まで幅の細い暗渠道が続く。訪問者にとっては心細い暗渠路も、地元住民にとってはかけがえのない生活道路として活かされている。もう一方の流れは、三角山公園下の中町通りあたりが流路と思われ、中町2丁目を過ぎて、谷頭は駒沢通り際まで遡れる。中町通り周辺は区画が整備され、良好な住宅地の中にかつての流路は見出しづらいが、これも山の手沖積地の典型的な風景のひとつだ。

③ 蛇崩川の谷

蛇崩川は世田谷区弦巻一帯の窪地から湧き出た湧水を水源とする。水源近くの馬事公苑横には品川用水が流れていたため、1669年（寛文9）には分水も築かれていた。蛇崩の名は、蛇行屈折した川の状態から蛇崩の文字を当てたとも、深く侵食された砂礫の露出が見られることから、砂崩（さくずれ）が変化したともいわれている。

蛇崩川の流路跡は緑道として整備され、比較的辿りやすい。目黒区上目黒4丁目付近では祐天寺方面から流れてきた支流と合流し、こちらも「蛇崩川支流緑道」として整備され、上流付近まで辿ることができる。

蛇崩川は中目黒駅の南で目黒川と合流し、広い沖積地をつくっている。低地の際まで迫る急峻な丘は諏訪山と呼ばれ、山の手の高級住宅地としても名高い。諏訪山崖下にある烏森稲荷神社では、手水舎に設けられたユーモラスな狐の口からはコンコンと清水が湧き出ていたが、近年は枯れてしまった。

低地に広がる中目黒の町は、大人な雰囲気の料理屋や物販店が点在し、都心からの微妙な距離感が独特の雰囲気を醸し出す、典型的な山の手の谷町だ。蛇崩川の流路近くには目黒銀座と呼ばれる地元密着型のローカル商店街もある。

屋上からの河谷ビュー　目黒区総合庁舎の屋上からは蛇崩川のなだらかな河谷を一望できる（目黒区上目黒2丁目）

烏森稲荷神社の湧水　かつて狐の口からはコンコンと水が出ていたが、今は枯れている（目黒区上目黒3丁目）

このあたりは関東大震災後に生まれた商店街で、かつての地名「久保田」にちなみ、「新開地久保田通り」として目黒銀座の発展のもととなった。

最後に、蛇崩川のつくった谷を高い位置から眺められる絶景スポットを紹介したい。それは目黒区総合庁舎の屋上からの眺めで、うねるような台地と、台地に群生するかのような家々による町並みが広がっている様子が一望できる。ちなみにこの建物はもともと、建築家・村野藤吾の設計で建てられた生命保険会社の本社だったものだ。その保険会社が倒産し、建物が取り壊される危機もささやかれた折、目黒区が購入して区役所として活用しているのだ。

東京、そして日本では、歴史ある古い建物も簡単に取り壊される。老朽化や安全性という理由で、価値ある建物もあっさりと建て替えられてしまうケースが多い。町を歩いて思うのは、町にも人と同じように思い出が必要だということだ。個人が所有する建物も、町に存在したときから住民の記憶の一部となり、町の思い出を紡ぎ、そして財産となる。その積み重ねこそが町の豊かさなのだろう。

端正な目黒区総合庁舎　建築家・村野藤吾設計の名建築、千代田生命本社ビルを改修した目黒区総合庁舎（目黒区上目黒2丁目）

目黒銀座商店街　蛇崩川沖積地でにぎわう目黒銀座商店街は、新開地久保田通りが起源。関東大震災以降、特ににぎわうようになった（目黒区上目黒2丁目）

天祖神社裏のミニスリバチ　谷頭の建物が撤去され、地形が露わになったひと時の絶景（目黒区上目黒２丁目）

④ 天祖神社裏の窪地

駒沢通り沿いにある天祖神社裏の窪みを谷頭とする小さな谷筋がある。神社横にある伊勢脇公園からは、住宅が立ち並ぶ小さな窪みと、遠く蛇崩川の谷を展望できる。ちなみに天祖神社の祭神は天皇家の祖先である天照大神（あまてらすおおみかみ）で、「伊勢」の名を控えて「天祖」としているが、公園のほうは気にせず伊勢の名（伊勢脇公園）を使っている。

⑤ 蛇崩川支流の谷

五本木小学校あたりから発する蛇崩川支流と呼ばれる川筋は、蛇崩川支流緑道として整備されているため、暗渠マニアでなくても比較的辿りやすい。地元の住民も日常的に使っている暗渠路だ。

住宅地の暗渠路を歩いて気づくのは、そこが生活道として活用され、地元住民にとってはかけがえのない存在になっているということだ。一般的に水路跡や暗渠路は、車の侵入を許さず人の通行のみと制限をかけている場合がほとんどであり、それゆえ歩行者や猫にとっては安心できる都会の聖域となっている。特に蛇崩川は、下流へと辿れば中目黒という谷の商圏へと辿り着けるため、住民の利用も多い。そこには自動車主体の道路網とは異なる「レイヤー」が、確かに存在していることを知るのである。そして暗渠路は、地域にとっての大切な公共空間に位置づけられ、歴史や地域をさりげなく繋ぎ止めてくれている。

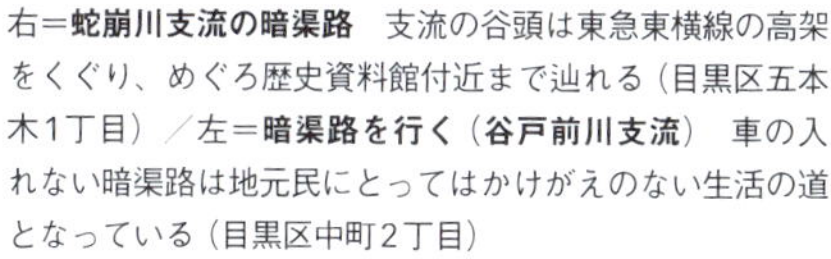

右＝蛇崩川支流の暗渠路　支流の谷頭は東急東横線の高架をくぐり、めぐろ歴史資料館付近まで辿れる（目黒区五本木1丁目）／左＝**暗渠路を行く（谷戸前川支流）**　車の入れない暗渠路は地元民にとってはかけがえのない生活の道となっている（目黒区中町2丁目）

洗足池
景勝地としての谷
Senzokuike

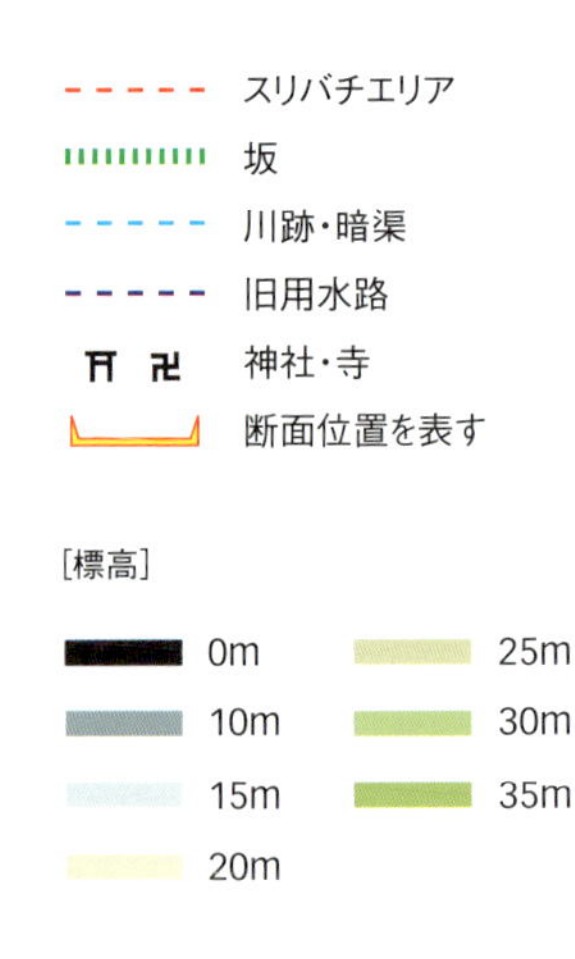

目黒区
清水窪弁財天
大岡山児童遊園
①大岡山児童公園の窪地
②清水窪弁財天の谷
環七通り
洗足駅
香川支流
北千東五差路
東急目黒線
鶯坂
九品仏川
ひょうたん池
大岡山駅
緑が丘駅
東京工業大
北千東駅
稲荷坂
③洗足池周辺の谷
千束池公園
水生植物園
千束八幡神社
弁財天
勝海舟墓
大音寺
洗足池
洗足池駅
雪ヶ谷八幡神社
洗足流れ
石川台
石川台駅
宮前坂
世田谷区
中原街道
石川台希望ヶ丘商店街
大田区
雪見坂
荏原病院
香川
⑥香川の谷
雪が谷大塚駅

大田区南千束の洗足池とその周辺には、荏原台段丘面を刻んだ河谷が奏でる起伏豊かな住環境が育くまれている。このあたりの道路は直交するグリッド状なので、サンフランシスコの町並みのように谷を見通せるビューポイントも多い。迷路状の路地が入り組む都心の山の手住宅地とは一風異なる東京西郊の景観を育んだのは、呑川（のみかわ）とその支流が侵食した地形である。

呑川本流の上流部について、簡単に紹介しておく。呑川は、東急東横線都立大学駅から上流部で3つの流れに分かれる。本流とされる川筋（深沢川）は桜新町駅あたりが水源とされ、品川用水から取水した水路跡も残されている。2つ目の川筋（駒沢川）は、駒澤大学・駒沢オリンピック公園あたりが水源のようで、競技場の真ん中を横切る世田谷区と目黒区の境界線がもともとの流路だったと思われる。3つ目の川筋は呑川柿の木坂支流と呼ばれ、世田谷区上馬3丁目の宗円寺付近までかつての流路を辿れる。流路の多くは遊歩道として整備されているため、閑静な住宅地の中をのんびりと川跡探索・谷巡りを楽しめる。

右＝**大岡山・呑川の窪み**　大岡山駅南には谷間を見通せるビューポイントが多い（大田区北千束3丁目）／左＝**呑川緑道公園**　呑川は暗渠化され、清流が再現された親水公園に整備されている（大田区上池台2丁目・東雪谷1丁目）

本章では、呑川本流と「洗足流れ」と呼ばれる支流、そしてそこから分岐する流れが育んだ表情豊かな一帯を味わってゆこう。

① 大岡山児童遊園の窪地

大岡山児童遊園を谷頭とし、呑川までわずか300m足らずの湾曲した谷筋が台地に刻まれている。谷は小さいがその性状は深く険しく、谷底へと下りる生活道路の多くが階段となり、その急峻さを物語る。このような小さい支谷は地表の水流でできたものではなく、地下水の湧出による谷頭侵食によってできたものと考えられている。谷の底面には川筋と思われる湾曲した道路に、静かな住宅地が寄り添

Ⓐ雪谷（SL：12.1m）

30m
20m
10m
呑川緑道

呑川水系／三級スリバチ

右＝**雪谷の町並み**　呑川が侵食した起伏は豊かな住宅環境を育んできた（大田区上池台3丁目）／左＝**大岡山児童遊園下のスリバチ**　急峻な窪地へ下りる道の多くは階段となっている（目黒区大岡山1丁目）

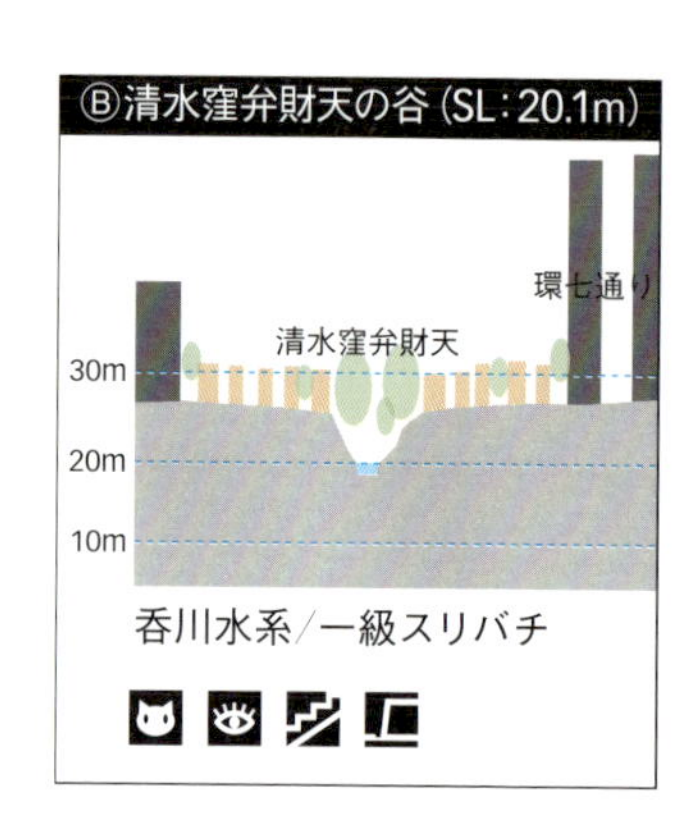

谷頭の清水窪弁財天　清水窪弁財天から湧き出た水は洗足池へと注いでいる（大田区北千束1丁目）

う。比較的緩やかな起伏の大岡山界隈においては、異彩を放つ断崖状のスリバチなのである。

②清水窪弁財天の谷

荏原台の台地が唐突にえぐられたような急峻な崖下には、水を湛える小さな池と、清水窪弁財天がその傍らに祀られている。石組みから落下する滝の水は、現在は地下水を汲み上げて循環利用しているものだが、もともとは弁天堂の奥で湧出していた。谷の性状が大岡山児童公園のスリバチと類似しており、こちらも谷頭侵食によってできた支谷と考えられる。

流れ出た水は洗足池へ流れ、かつては水田を潤す灌漑用水として利用されていた。この谷筋は途中、東急目黒線の軌道が土手になって谷筋を塞いでいるため、清水窪弁財天周辺の谷戸地形は四方を崖で囲まれた一級スリバチともいえる。

③洗足池周辺の谷

清水窪弁財天からの河谷の他、いくつかの谷筋が出会う窪地に洗足池は豊かな水面を湛えている。「洗足」の由来は、日蓮聖人が身(み)

右＝**洗足池の畔から**　写真手前が池月橋で、その先が千束八幡神社の杜（大田区南千束2丁目）／左＝**洗足池へ至る川跡**　車道からY字状に左に別れた路地が暗渠路だ（大田区南千束1丁目）

延山（のぶさん）から常陸へ湯治に向かう途中、この池で足を洗ったことからというのが一説。また、池は本来「千束池」と書くらしく、灌漑に利用されて千束分の稲が免税されていたことが由来とする説もある。

洗足池は4万平米にも及ぶ広大な湖面を誇り、ボート遊びもできる住民憩いの場となっている。呑川支流が流れ込む桜山下には弁財天社を祀る弁天島もある。

洗足池の形状はアメーバの触手のようにいくつかの凸部を持つが、池の輪郭は大地の等高線そのものであり、凸形状はその先に河谷が存在する証である。池の上流側凸部の1つ、清水窪弁財天からの支流のつくった谷は、洗足池手前で北千束2丁目の環七通り付近を谷頭とする谷と合流している。短い支流ではあるが、稲荷坂の道路脇にかつての流路が残されている。洗足池東側の凸部は、水生植物園あたりに流れ込む谷によるもので、この河谷は、環七通り南千束交差点裏を谷頭とし、宅地化された谷間の一部に川跡を見出すことができる。池の西側凸部は、池月橋の袂に合流する小さな谷の存在を示し、谷の出会いを見下ろす丘に千束八幡神社が鎮座している。

右＝**洗足の小池**　小池を緩やかな丘が取り囲み、スリバチの底にあることがわかる（大田区上池台1丁目）／左＝**対峙する坂道**　鶴の巣流れの谷を挟んで向かい合う坂（大田区上池台3・5丁目）

④ 小池の窪地

「千束の大池」と呼ばれた洗足池の東方にあるのが、「小池」。かつては谷戸の溜池風情の池で立ち入りが制限されていたが、現在は区立小池公園として開放されている。もともとは谷戸の湧水を溜めた灌漑用の池で、周辺が宅地化されてからは魚釣池とも呼ばれていた。小池の周りには高原の湖畔を思わせる、ゆったりとした住宅地が広がっている。池の下流側から谷頭方向を望むと、スリバチ状の傾斜地に住宅が階段状に張りついている様子もわかる。

⑤ 蝉山下の谷

小池公園の南東には、上池台射水坂公園あたりを谷頭とする、ほぼ直線状の谷がある。荏原台の谷らしく高低差が大きいうえ、住宅地の道路が地形に軸線を合わせるように直交グリッドに築かれているため、対岸までを見通せる坂の絶景はここならではだ。谷越えの坂には、庄屋坂や鶴の巣坂などの名がつけられ、上り下りは大変だが、丘に上ればスリバチビューも楽しめる開放的な住宅地が広がる。一方、谷筋には「鶴の巣流れ」と呼ばれた水路がかつてあり、現在

右＝**ひょうたん池**　崖下の湧水を溜めたひょうたん池（目黒区大岡山2丁目）／左＝**呑川の流れ**　九品仏川との合流地点より開渠となる呑川。落合水再生センターの処理水が放流されている（目黒区緑が丘3丁目）

は暗渠路が痕跡として谷底に残されている。

⑥ 呑川の谷

最後に呑川本流沿いの沖積地を取り上げておきたい。

呑川は東京工業大学の広大な敷地の中を暗渠で通過し、キャンパス内の沖積地にはひょうたん池という名の湧水池が残る。このあたりでは、水路跡が運動公園に整備され、地元住民にレクリエーションの場を提供している。また、東急大井町線緑が丘駅の南では、自由が丘方面から流れてきた九品仏川のつくった「未成熟な谷」を合わせる。この合流地点から下流域は開渠となっていて、他の沖積地を流れる都市河川の現代的景観同様、垂直護岸の下を呑川が勢いよく流れている。

さらに南下し、東急池上線石川台駅より下流域では、低層住宅と町工場が混在する沖積平野ならではの風景が広がり、直線化された流路と並行するのが希望ヶ丘商店街という地元密着型の商店街。商店街を見下ろす呑川左岸の丘は石川台と呼ばれ、崖の先端に雪ケ谷八幡神社が祀られている。

まっすぐな谷 戸越・大井

Togoshi & Ooi

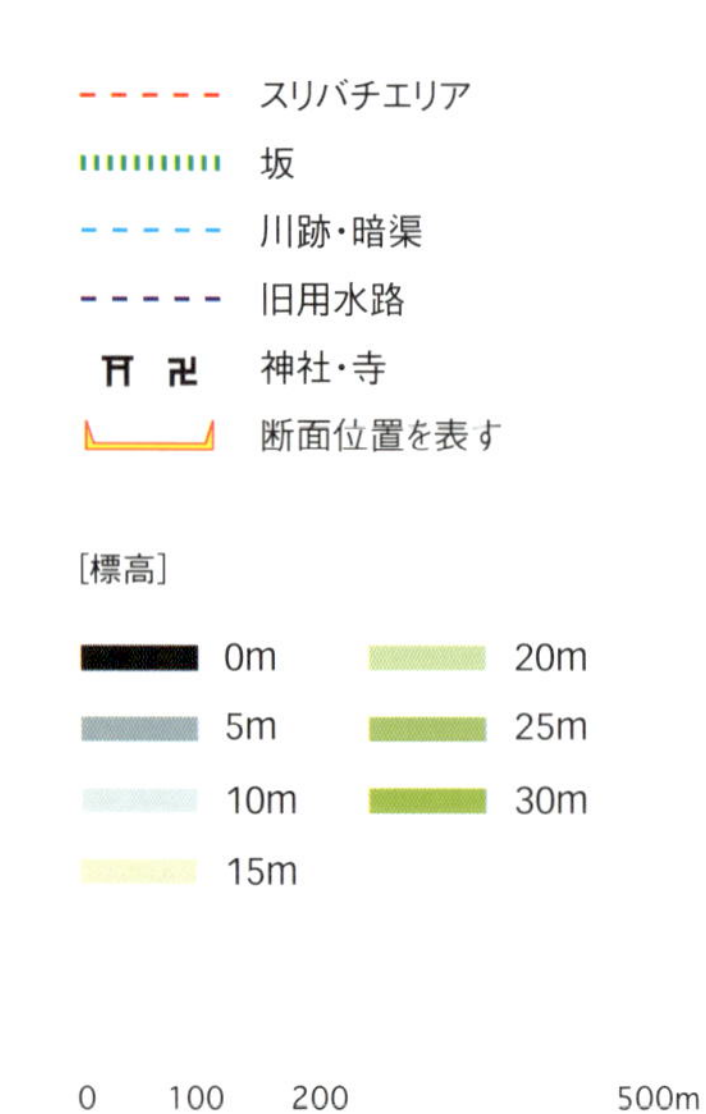

首都高速2号目黒線
中原口
桐ヶ谷通り
品川用水
峰原坂
居木神社
芳水小
目黒川
旧中原街道
中原街道
戸越地蔵尊
平塚橋
戸越銀座駅
A
②戸越銀座の谷
貴船神社
戸越駅
清水坂
宮前坂
戸越銀座
八幡坂
三井坂
都営浅草線
戸越八幡神社
品川用水
東急池上線
文庫の森公園
③大間窪の谷
そよかぜ公園
戸越3丁目
戸越公園
荏原中延駅
古戸越橋
戸越公園駅
東急大井町線
下神明駅
第二京浜
中延用水
大間窪小
下神明天祖
鬼門除け地蔵堂
④のんき通りの谷
のんき通り
中延駅
品川用水
中延駅
二葉1丁目
三間道路
立会道路
蛇窪神社
上神明児童遊園
大井の掛渡井
西大井駅

これまで紹介した川筋は、平坦な台地面を右へ左へと彷徨（さまよ）うように蛇行するものが多かった。しかしこの章で紹介する戸越銀座の谷は、他に類を見ないほど直線的である。そして河谷筋に沿った戸越銀座商店街は、典型的な山の手の坂下商店街のひとつだ。

「○○銀座」と呼ばれる商店街は全国で300を超え、町で一番活気ある商店街の代名詞として定着しているが、戸越銀座が日本で最初の「○○銀座」であることはあまり知られていない。それでは、誇り高き「銀座」の名を許された理由とはなんだったのだろうか。

道路が舗装される以前、戸越銀座となる土地は、谷間ゆえ冠水に悩み、道路状況がとても悪かったという。通り沿いの店が悩みを抱えていたところ、関東大震災に罹災（りさい）した中央区銀座の舗装替え工事により煉瓦敷きを撤去する話が伝わってきて、この煉瓦を譲り受けて道路の排水工事に活用することとなった。この縁で商店街設立にあたり「戸越銀座商店街」と命名されたものであり、「○○銀座」ナンバーワンは、銀座の血を受け継ぐ正統なる理由があったの

薮清水の谷間　谷底を横切るのが戸越銀座商店街。対岸の緑は戸越公園（品川区戸越1丁目）

戸越銀座商店街　どこまでもまっすぐな戸越銀座商店街（品川区戸越1･2丁目）

品川用水跡　屋根筋の道沿いに品川用水が流れていた（品川区二葉1丁目）

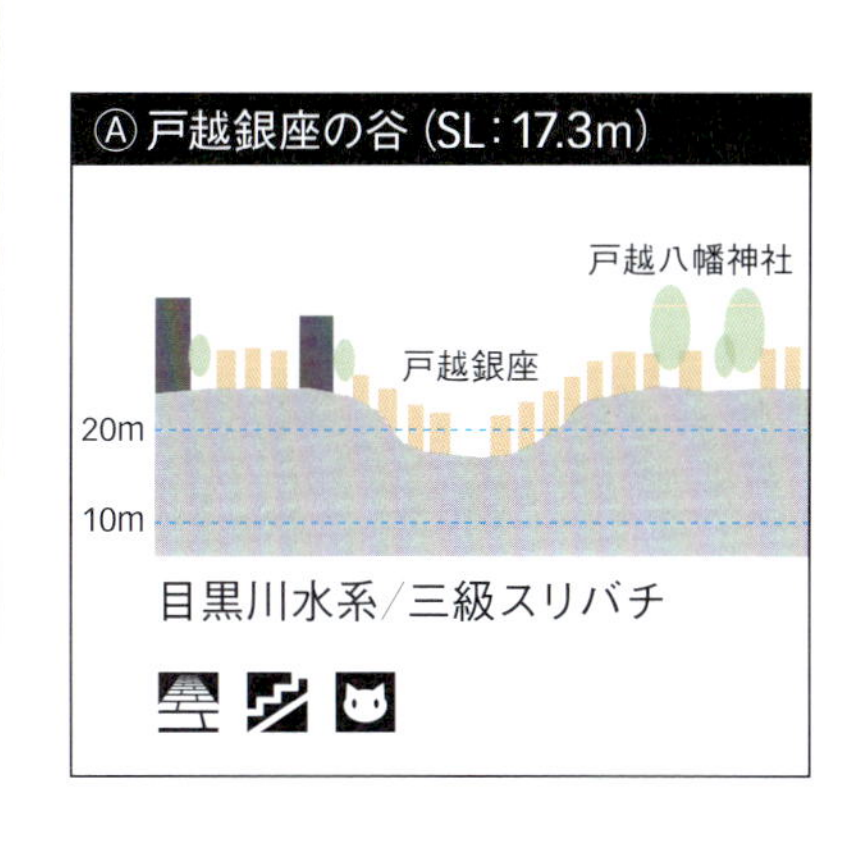

だ。そこには谷地形ならではの水にまつわるエピソードが隠されていた。

さて、戸越銀座の直線的な谷をつくったのは立会川（たちあいがわ）の一支流で、「藪（やぶ）清水」と呼ばれていた。至近には戸越公園周辺から発する河谷もあり、こちらはゆらゆらと彷徨うような谷筋なので、戸越銀座の特異な直線状の谷をより際立たせている。

一方、立会川の谷は広く緩やかで、流れ込む支流もなだらかな起伏をつくっている。立会川の谷間を巧みに避け、尾根筋を走る品川用水と、自然河川の絡みがこのあたりの地形的な見どころのひとつで、路地と暗渠路、上水跡のラビリンスを楽しみたい。

その品川用水とは、玉川上水から境村（現・武蔵野市桜堤）で分水し、用賀や桜新町を経て、目黒台の東縁を潤し、南品川宿で目黒川に合流していた。品川用水は、干害に悩まされていた品川領2宿7村が幕府に願い出て、1669年（寛文9）に完成した農業用水路である。明治以降、市街化が進むにしたがって、田畑が減り、その役割は農業用水から工業用水を経て、排水路へと変わっていった。そして1948年に、280年に及ぶ歴史を閉じた。用水路の跡は、そのほとんどが道路や下水道として利用され、残る痕跡もわずかとなった。

三間道路の町並み　立会川（立会道路）と並行する三間道路沿いには昭和の残像を留める商店街が続く（品川区二葉2丁目）

立会川緑道　立会川は暗渠化され遊歩道となっている（品川区大井1丁目・二葉1丁目）

① 立会川のなだらかな谷

目黒台と荏原台の境界部を流れる立会川、その沖積地にあたる比較的なだらかな一帯は、かつて蛇窪（へびくぼ）村と呼ばれていた。地名の由来には諸説あるが、『新編武蔵風土記稿』では「蛇が多く住んでいた湿地」との記述もある。ただし、地元住民にとっては「蛇窪」の名は評判がよくなかったらしく、1932年に「神明」と改められている。

立会川の河谷を下流へと辿ると大井町駅に行き着く。その大井町駅は地形的な構成がちょうど渋谷駅に似た谷間のターミナル駅だ。大井町駅は山手線内から外れているためかマイナーな印象だが、戦前までは乗降客数で日本一を誇った堂々たるスリバチ駅なのだ。

立会川の川跡は大井蔵王権現神社より大井町駅側が立会川緑道に、それ以西は立会道路として整備されている。これと並行するように三間道路というレトロな個人商店が連なる通りもある。都内でよく出会う、山の手の沖積地に広がる地元密着型商店街の典型で、服飾店や履物屋など、昭和の残像を感じる町並みが続く。

立会道路は第二京浜の手前で、品川用水跡と交差する。上神明児童遊園という細長い公園が谷越え用水路の名残で、周辺の住宅地より一段高

右＝**戸越八幡神社**　戸越銀座の谷を上ると旧戸越村の鎮守・戸越八幡神社がある（品川区戸越2丁目）／左上＝**かつての古戸越橋**　下神明駅の近くには古戸越橋がひっそりと残されていた（品川区西品川1丁目）／左下＝**移設保存された橋**　暗渠路が避難路に位置づけられたことで、通行の支障になるとして、しながわ中央公園に移設された（品川区西品川1丁目）

いことが交差の証だ。立会川を南に望む目黒台の斜面には蛇窪神社が建立され、境内の奥に弁財天が祀られている。

② 戸越銀座の谷

戸越銀座のある谷は、西から東へ直線状に続く長い谷で、都内でもきわめてめずらしい形状だ。谷頭は旧中原街道沿いの供養塔群（荏原2丁目）あたりまで遡れる。

目黒台が地形的に分類される武蔵野面の谷は、下末吉面の谷に比べ「支谷が少なく直線的」とされているが、同じ目黒台でも戸越公園から始まる谷は複雑に蛇行しているので、谷のキャラクターは一概には語れない。「戸越」の語源は「江戸越えて清水の上の成就庵ねがいの糸のとけぬ日はなし」という古歌の「江戸越」が一般的な説だ。

③ 大間窪の谷

戸越銀座のある直線状の谷の至近には、戸越公園から流れ出た川がつくったS字状の谷筋があり、一帯は大間窪と呼ばれていた。大間窪は「大間々窪」の意とされ、関東地方の方言で「間々」とは、土砂が崩れた地を指す。

下神明駅で下車し、北へ続く坂道下に、大間窪を流れた川に架かる橋の欄干が残っていたが、近年しながわ中央公園に移設された。親柱には「古戸越橋」の文字が風雨にさらされながらも辛うじて判読できる程度で残っている。

その谷間を上流へと遡れば、鬱蒼とした緑に包まれた戸越公園に辿り着ける。その歴史は、1662年に肥後熊本藩主細川越中守が品川領の戸越・蛇窪両村の入会地4万5000坪を拝領してつくった抱屋敷が始まりで、細川家はここに東海道五十三次の風景を模した庭園をつくり、品川用水からも分水して池を築いたとされている。ちなみに戸越公園は地元で「スリバチ公園」と呼ばれている。園内に水音を響かせている滝は復元されたものだが、崖地の

のんき通り商店街　緩やかな谷間には、のんき通り商店街が続く（品川区豊町4・5丁目）

戸越公園　スリバチ状の窪地にある戸越公園（品川区豊町）

一部からは今でも湧水が見られるという。戸越公園の窪みはさらに北へと続き、文庫の森公園として整備された一帯が谷頭と思われる。

④ のんき通りの谷

山の手沖積地の商店街として、このエリアにはもう1つ、地味ながらも印象的な谷筋の商店街がある。東急大井町線の戸越公園駅付近を谷頭とし、南下してJR西大井駅あたりで立会川と垂直に合流する「名もなき川」の谷筋ローカル商店街だ。戸越公園駅南より細い暗渠路がゆらゆらと続き、のんき通り付近では住宅地の裏に小さな暗渠が残されている。

戸越銀座のようなメジャーな商店街ならまだしも、谷巡りをしなければ知る術もなかったのんき通りのようなローカル色豊かな商店街と出会えるのが、スリバチ歩きの楽しみのひとつとなった。そんな町では、有名なチェーン店よりもローカルな小さなお店で至福のひと時を過ごしたい。

支流に架かる橋　車の進入を拒絶する、のんき通りの川を渡るささやかな橋（品川区二葉2丁目）

のんき通りの川暗渠路の始まり　商店街はわずかに傾斜し、窪みの底辺には誘うような暗渠路が残されている（品川区戸越6丁目）

多すぎた谷 馬込・山王

Magome & Sanno

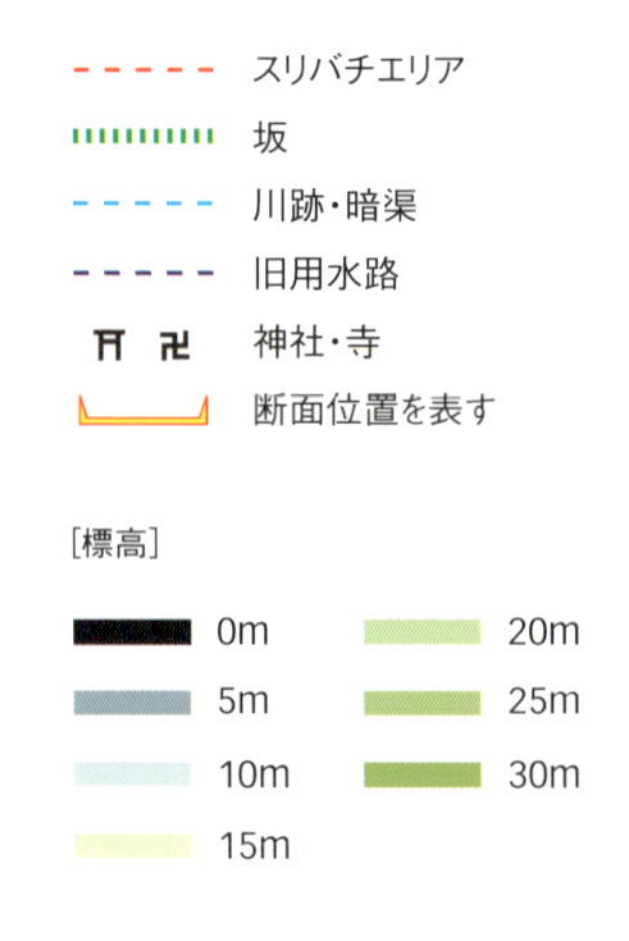

夫婦坂
宗福寺
JR東海道新幹線
JR横須賀線
出石児童
大井·原の水神
如来寺
天祖神社
馬込駅
中馬込貝塚公園
環七通り
旧ロマンチック商店街
たぬき山公園
都営浅草線
第二京浜
④萬福寺下の谷
馬込銀座
馬込八幡神社
神明社
二本木坂
萬福寺
南坂
湯殿神社
北野神社
⑤大森テニスクラブの
大森テニ
③池尻堀の谷
馬込坂下
馬込西公園
郷土博物館
厳島神社
山王花清水公園
公園通り
西馬込駅
円乗院
出世稲荷
A
大倉山公園
②沢尻川の谷
熊野神社
右近坂
桜並木通り
善慶
臼田坂
黒鶴稲荷神社
龍子児童公園
池尻堀
①池上本門寺周辺の谷
春日神社
春日橋
池上梅園
安立院
汐見坂
松濤園
貴船坂
沢尻川
春日通り
蓬来坂
大田区
紅葉坂
太田神社
本門寺公園
車坂
池上本門寺
長勝寺
五重の塔
本妙院
呑川

淀橋台と同じく、地形分類上「下末吉面」に属する荏原台は、スリバチ状の谷が密集する地帯だ。舌状台地と溺れ谷のような谷戸が拮抗し、特に台地の先端部では深く密な谷が分布しており、古くから地元では九十九の谷があるともいわれていた。

まずは台地にまつわる逸話を紹介したい。現在の住所で南馬込5丁目、馬込八幡神社と湯殿神社の間に広がる平坦な台地面に目をつけたのは太田道灌であった。現在でもそれぞれの神社の足元は急峻な崖状で、谷に縁取られた天然の要害となりうることは容易に想像できる。太田道灌はこの地に城を築こうとした際、谷の多さを形容する「九十九」が「苦重苦」に繋がるのを恐れ、城郭を築くのを見送ったとの伝説が残っている。結果として彼は荏原台ではなく、もう1つの下末吉面の台地・淀橋台の先端部に江戸城（現在の皇居）を築くことを選んだわけだ。馬込には谷が多すぎたのかもしれない。ちなみに荏原台のこの地はその後、戦国時代には後北条氏の家臣である梶原助五郎が所領し、周辺の谷には沼が配され、馬込城と呼ばれる中世の城郭となった。

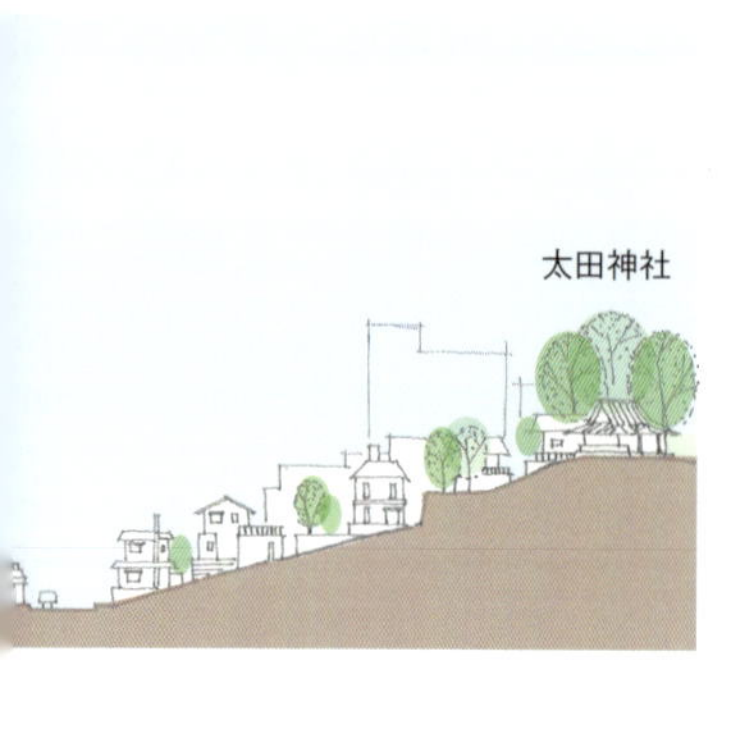

荏原台南端の舌状台地に象徴的に建立されているのが池上本門寺だ。日蓮宗の大本山の1つで、その歴史は日蓮の入滅後、日蓮に帰依していた池上宗仲（むねなか）が、屋敷の一部を寄進したことに始まる。また、荏原台の断崖を総門から一直線に上る石段は、慶長年間（1596〜1615年）に加藤清正によって寄進造立されたと伝えられる。広大な池上本門寺は周囲を崖で囲まれた台地上にあり、崖にはいくつかの谷戸が開析されている。

一方、起伏の激しい荏原台の東方と南方には、蒲田・糀谷・羽田などの多摩川の沖積低地が広がる。このあたりでは潮の影響を受けるため、多摩川の

池上本門寺下の谷の断面展開図

水は農業用だけでなく飲用にも適さず、人工の水路である六郷用水（上流部では等々力の章で紹介した丸子川）が江戸時代初期の1609年（慶長14）に築かれている。荏原台の崖下を流れていたのは北堀と呼ばれる六郷用水分流で、この分流から平野部へ縦横に用水路が張り巡らされていた。六郷用水は測量開始から完成まで14年の際月を費やした。玉川上水の工期1年半とは極めて

池上本門寺を望む 谷の先にある鬱蒼とした緑は、池上本門寺の丘（大田区中央5丁目）

池上本門寺の石段　比高の大きい荏原台を直線状に上る池上本門寺の参道（大田区池上1丁目）

対照的だ。工期の違いは、台地上に築かれた玉川上水の勾配が1／450程度だったのに対し、低地を流れる六郷用水の平均勾配は約1／800と、沖積地での緩やかな傾斜の水路建設がいかに難工事だったのかを彷彿させるものである。

① 池上本門寺周辺の谷

池上本門寺のある荏原台最南端の丘には、スリバチ状の谷が複数刻まれている。まず、東向きの崖には本門寺公園として利用されている2つのスリバチ状の谷があり、公園の1つは三方向を崖に囲まれた谷頭形状を階段状の公園の造形に活かしている。奥深い谷筋を上りきった軸線上に池上本門寺の五重の塔が象徴的にそびえたつところが興味深い。

もう1つの窪地は、奥行きこそ浅いが谷底に弁天池と小さな祠が祀られ、池は釣り人でにぎわう。この池から流れ出た川は住宅地に川跡を残し、河谷を見下ろす丘には太田神社が建立されている。

本門寺公園の池　谷戸の湧水を溜めた池が公園の中にある（大田区池上1丁目）

本門寺公園のスリバチ　公園に整備されたスリバチ状の小さな谷戸（大田区池上1丁目）

また、五重の塔の北側にも細長い窪地があり、谷の中流部が松濤園と呼ばれる緑豊かな庭園に活かされている。スリバチで湧く清水を溜めた典型的な公園系スリバチである。1868年、松濤園の「あずまや」で、官軍代表の西郷隆盛と幕府代表の勝海舟が会談し、江戸の無血開城合意に向けた折衝がなされたという（無血開城の合意は、高輪の薩摩藩下屋敷と伝えられている）。

②沢尻川（内川）の谷

地元で大倉山・佐伯山と呼ばれている台地を隔てているのは、沢尻川（内川）が侵食した比較的大きな谷だ。元は苗川、一川とも呼ばれていたものが内川と呼ばれるようになった。沢尻川の河谷は都営浅草線西馬込駅南で幾筋かに分かれ、環七通りを越えた谷頭には宗福寺が建立されている。宗福寺までの暗渠路は直線状に整備されているが、この流れに直角に合流する、谷筋からの暗渠も複数確認できる。

南流した沢尻川は、出世稲荷の祀られる台地の足元で流

汐見坂のスリバチビュー　汐見坂のある谷間を、黒鶴稲荷神社のある高台から望む（大田区中央5丁目）

松濤園のスリバチ庭園　谷戸の湧水を取り込んだ小堀遠州作庭の日本庭園・松濤園がある（大田区池上1丁目）

上右＝**佐伯山下の暗渠路**　佐伯山の麓には内川の暗渠路が続いている（大田区中央4丁目）／上左＝**佐伯山からの眺め**　佐伯山と呼ばれる台地の先端が公園として整備され、呑川の低地を眺められるようになった（大田区中央5丁目）／下右＝**沢尻川跡の桜並木**　暗渠化された沢尻川の川跡は桜並木に整備され、商店街としてにぎわっている（大田区南馬込4丁目）

れる方向を南東へと変え、その下流域は桜並木通りに整備されて馬込台地の住宅地を支える商圏・谷町を形成している。沢尻川中流域にも支谷が多く、岬状の台地突端には黒鶴稲荷神社や、馬込城のあった湯殿神社がある。また、右岸先端部の佐伯山と呼ばれる丘は緑地公園で、丘に上れば眼下に広がる沖積低地を一望できる。

地図を持たずにこの界隈の谷を歩いていても、鬱蒼とした緑の森が背景として見え隠れする。谷間は住宅で埋め尽くされても、緑に包まれた台地の杜は、町の鎮守として重要なランドマークとなっていることがわかる。

③ 池尻堀の谷

山王と南馬込を隔てる環七通りは、池尻堀と呼ばれる谷筋を利用し、台地と低地を結んでいる。谷底にはいくつかの流路が曲がりくねった暗渠路として残る。旧平間街道（池上道）に架かっていた橋の親柱が、右岸にある春日神社横の歩道脇に保存され、かつての流れを偲ぶことができる。

池尻堀左岸の台地の突端部、木原山と呼ばれる丘に鎮座するのが熊野神社である。馬込一帯では、複雑に入り組んだ谷が分断した舌

明神橋の遺構　春日神社の横には、池上道に架かっていた明神橋の親柱が保存されている（大田区中央１丁目）

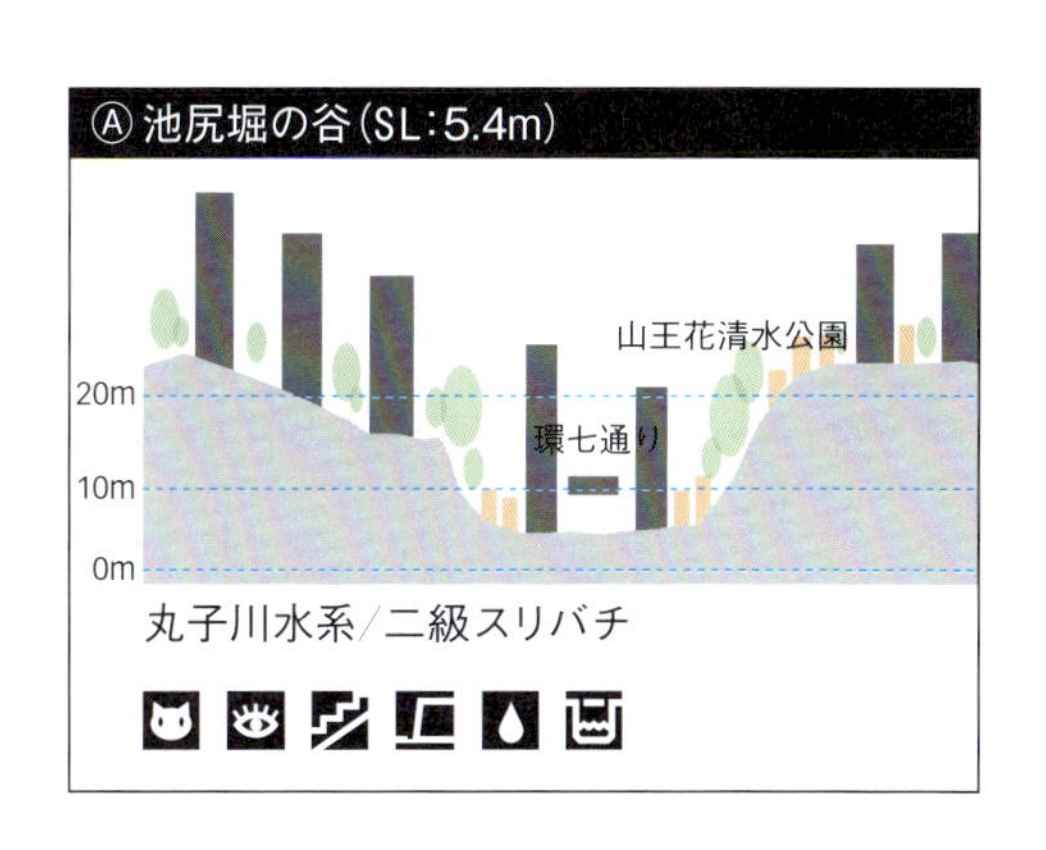

状の台地にそれぞれ山の名がつけられている。この木原山の他にも、大倉山、たぬき山、佐伯山などがあり、高輪の城南五山と同じように、入り組む谷の多さを物語るものだ。ここでも谷あってこその丘（山）なのだ。ちなみに熊野神社は、平間街道の宿場町である新井宿村の領主・木原氏によって元和年間（1615〜1624年）に建立された宿場の総鎮守である。

池尻堀両岸にも、いくつもの支谷が複雑に入り込んでおり、その1つの窪地を活用した山王花清水公園は、湧水池

熊野神社の杜　善慶寺の境内から木原山と呼ばれた熊野神社の杜を望む（大田区山王3丁目）

厳島神社の弁天池　谷戸の湧水を溜めた弁天池（大田区山王4丁目）

御神水の湧水　ここから湧き出た清水は弁天池に注いでいる（大田区山王4丁目）

池尻堀本流の谷　池尻堀の上流部には見事な凹凸地形が広がっている（大田区東馬込1丁目）

弁天池のスリバチビュー　弁天池の窪地を望む（大田区山王4丁目）

と湧水枡がある公園系スリバチである。園内の崖裾は花で彩られ、枡の前には小さな祠と御神水の立札が立つ。ここから湧き出た清らかな水は、厳島神社が祀られる弁天池へと流れ込んでいる。弁天池を囲む斜面には住宅が並び、窪地と台地を結ぶ道は多くが階段となっていて、階段上からの窪地の眺望もすばらしい。

④ ジャーマン通りの谷・萬福寺下の谷

池尻堀の谷は、その上流部・馬込銀座交差点でエトワール状（放射状）に分岐しているところが特徴的だ。そのうちの2つの谷筋は、荏原台の高低差を上り下りするジャーマン通りと、環七通りに取り込まれている。ジャーマン通りの南側では暗渠路が続き、この谷から出石公園あたりを谷頭とする短い谷筋が枝分かれしている。一方、環七通り南側の台地はたぬき山と呼ばれ、その南の河谷を二股に分かつ台地に萬福寺が建立されている。その山門からの眺めは、谷間の墓地越しに対岸の緑の丘を望む絶景である。

エトワール型の最後の谷、池尻堀の本流とも思われる奥深い谷筋は商店街となっているが、かつてはロマンチック商店街と称していた。この谷筋を遡ると、JRの高架橋下をくぐり、如来寺山門前で二股に分かれ、最深部の谷頭は第二京浜まで暗渠を遡ることができる。このあたりはかつて篠谷と呼ばれた農村で、品川用水が流れていた分水嶺の先は谷垂との字名があった立会川へと続くなだらかな斜面地へと続く。

⑤ 大森テニスクラブの窪地

JR京浜東北線西側には崖状の斜面が続き、大森駅西側の急斜面の上にあるのが天祖神社である。崖下の八景坂は、整備される以前は相当な急坂だったらしく、薬草を刻む薬研（やげん）の溝のようだったことから薬研坂ともいわれた。なお、八景坂の名の由来としては、台地のはずれの崖を意味するハケとする説もある。

ここから始まる台地は、駅周辺の雑踏とは無縁な山王の高級住宅地である。起伏に富んだこのあたりが都市化されたのは関東大震災以降のことで、それ以前は、低地に田、台地に畑が広がる典型的な田園地帯であった。特に大森駅西側の高台に位置する山王の地は、東京近郊の別荘地として発展してきた。

さて、閑静な山王の住宅地の中に大森テニスクラブはあるが、そのテニスコートは整形の窪地にすっぽりと納まっている。この短冊状の窪地は大森射的場の跡で、1889年から1937年まで、会員制の小銃射撃場として皇族や軍人に利用されていた。もともとは文京区弥生2丁目の窪地にあった東京共同射的会社射的場が移転してきたものだ。整形の窪地は四周を台地で囲まれた一級スリバチ地形となっているが、もともとは、ジャーマン通りとなった谷筋の谷頭の1つと思われる。なぜなら、今でもジャーマン通り裏の暗渠路へと続く水路跡が高級住宅地の中にひっそりと残されているからだ。

大森テニスクラブ裏の暗渠路　大森テニスクラブの谷から流れ出ていたと思われる川の痕跡（大田区山王２丁目）

スリバチ状の大森テニスクラブ　整形された一級スリバチ地形は、かつて射的場だった名残（大田区山王２丁目）

⑥ 鹿島谷

馬込・山王の凹凸で十分に満たされてしまうが、地形マニアなら大森貝塚に寄らぬわけにはいくまい。大森貝塚は、鹿島谷と呼ばれる谷筋を流れた川が沖積低地に出る河口に位置したことが現地に行くとよくわかる。

大森貝塚は１８７７年、アメリカの動物学者Ｅ・Ｓ・モースによって発見され、日本考古学史上初の科学的な発掘調査が行われた遺跡だ。貝塚からは縄文時代後期後半（約３５００年前）の縄文土器などの遺物が出土し、１９５５年、国の史跡に指定された。

モースは横浜に上陸した翌日、横浜から東京へ向かう汽車の車中から偶然に貝塚を目にする。この鉄道はその５年前に開通したばかりで、鉄道建設のために切り崩された崖肌がまだ露わな状態だったのだろう。加えて仮停車場として設けられた新駅・大森駅を出発して間もない汽車が、貝殻が堆積する崖を注視できるほどの速度であったことが幸いした。

鹿島谷の川跡　谷底に残る川跡が品川区と大田区の境にもなっている（品川区大井6丁目、大田区山王1丁目）

大森貝塚遺跡庭園　モースの胸像の背後にある地層はレプリカだが、庭園内では貝層の剥離標本を見学できる（品川区大井6丁目）

モースの発見・発掘した大森貝塚を顕彰する石碑は現在、大田区側の「大森貝墟（かいきょ）」の碑（大田区山王1-3-1）と、品川区側の「大森貝塚」の碑（品川区大井6-21）の2つ建てられている。両碑が建てられたとき、大森貝塚発掘から50年近くも経っていたため、貝塚の正確な位置は関係者の間でもわからなくなっていたという。その後、近年の発掘調査および地主と東京大学・文部省との間で取り交わした文書から、「大森貝塚」碑付近であることがほぼ確実となった。この場所は現在、大森貝塚遺跡庭園として周辺が整備されている。

大森貝塚の脇にある鹿島谷は、品川区立出石児童遊園の大井・原の水神池を谷頭としており、この池自体は荏原台の湧水を水源とし、畔には水神社が祀られている。水神池の水は、この一帯が原村と呼ばれた頃、農産物の洗い場として利用されていたという。

鹿島谷には鹿島庚塚公園で分かれるもう1つの河谷があり、大井5丁目の滝王子稲荷神社の池が水源と思われる。その祠は住宅地に埋もれてはいるが、無事に辿り着ければ水源探索の達成感を十分に満喫できる。どちらの河谷も緩勾配ながら、暗渠

滝王子稲荷神社　谷頭には池が残り、滝王子稲荷神社が祀られる。境内には推定樹齢300年のタブノキがあったが、近年失われた（品川区大井５丁目）

大井・原の水神池　住宅地に囲まれた谷頭には溜池があり、畔には水神が祀られている（品川区西大井３丁目）

青森県の三内丸山遺跡　台地に刻まれた沢（緑の生い茂っている部分が沢）を囲むように縄文の集落は立地している（青森市三内丸山）

路や橋跡は残されており、水源への到達は比較的容易なので、冒険を楽しんでほしい。

縄文集落を育んだ鹿島谷の両側では、日枝神社（山王の名の由来）と鹿島神社（鹿島谷の名の由来）が対峙している。どちらの神社も河谷で分断された台地の突端に立地する。縄文集落がかつての海岸線かつ河口にあったのは、海の恵みを享受しつつ、飲料水は湧水の流れる川から得ていたためだろう。国内最大規模の縄文遺跡として名高い青森県三内丸山遺跡では、やはり集落が泉の湧き出るスリバチ状の沢を囲むように立地していることと類似している。海の恵みを得られ、清水の流れるスリバチを囲むロケーションは、古代集落にとっては絶好の立地だったに違いない。

北の台地を刻む谷
練馬・板橋

Nerima
& Itabashi

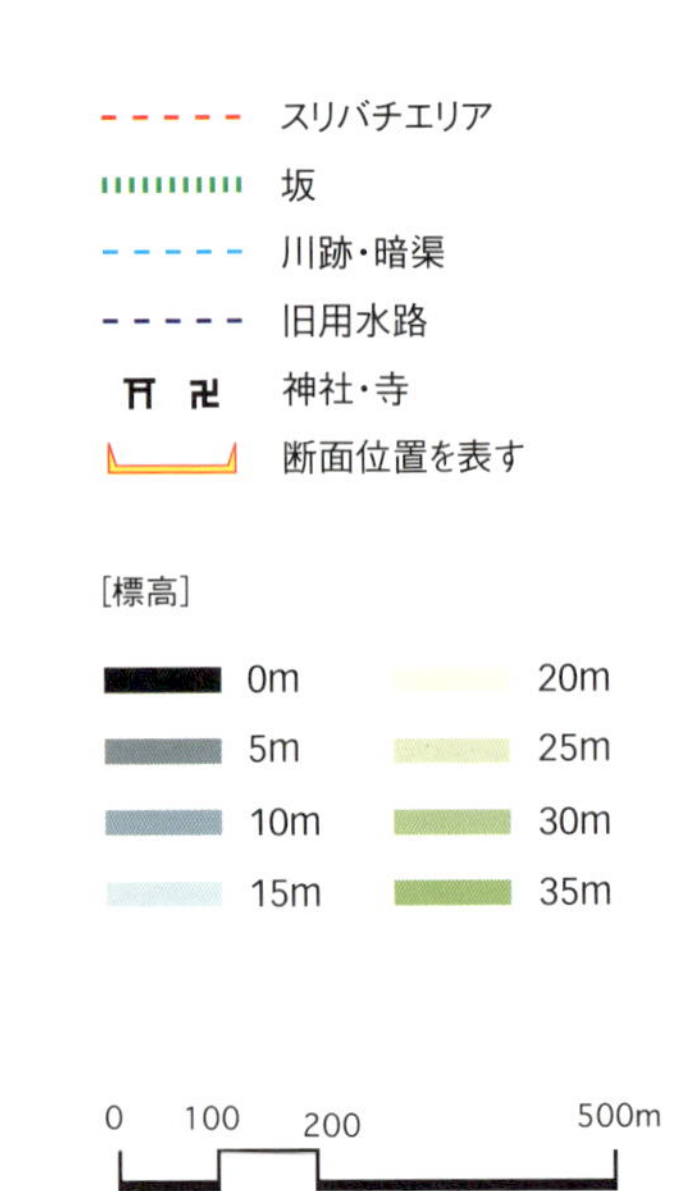

種井坂
向口公園
番場の坂
赤塚公園
大坂
安楽寺
六の橋
大東文化大
子安地蔵
とりげつ坂
天祖神社
北野神社
水車公園
徳丸高山公園
石川橋公園
徳石公園
前谷津川
前谷津川緑道
京徳観音堂
西徳第二公園
⑤とりげつ坂の
西台陸橋
徳丸1丁目
西徳通り
①前谷津川の谷
昆虫公園
谷津坂
④不
西台不動尊
中尾不動尊
信泉寺
西台公
長谷津の谷
西徳通り
蓮根
徳丸小
若木中央公園
若木公園
不動通り
②不動通りの谷
③蓮根川の谷
東武練馬駅
浅間神社
田柄用水
田柄川
ときわ通り
練馬車検場前
田柄川緑道
北一商店街（旧川越街道）
棚橋跡
練馬区
練馬北町陸橋
陸上自衛隊練馬駐屯地
環八通り
⑧田柄川の谷
A
B

武蔵野台地の北端部、赤羽台から成増台にかけては、淀橋台や荏原台にも匹敵しうる、深く険しい谷が密集している。段丘崖を刻むのは、前谷津川（まえやつがわ）・蓮根川（はすねがわ）・前野川といった都市河川。複雑な凹凸地形をベースに開発された住宅地では、坂道・階段などが入り組み、意外性と立体感のある町並みが見る者を飽きさせない。地形探索を目的に、はるばる出かける価値のあるスリバチ散歩の名所なのだ。

武蔵野台地が比高約15mの断崖で終わる地平の北は、広大な荒川低地の氾濫原、高島平である。かつては徳丸ヶ原と呼ばれ、徳川歴代将軍の鷹狩りの地であった。高島平の名は、1791年（寛政3）、幕府が砲術家・高島秋帆（しゅうはん）によって洋式火砲の訓練を行った場所であることからつけられたものだ。1869年（明治2）に明治政府より民間に払い下げになり、河川の改修工事と水路の整備によって、東京近郊の一大穀倉地帯となった。しかし、昭和30年代（1955年〜）には地下水も枯れ、用水の水も汚れ始め、地盤沈下などもあったために当時の農民は耕地を維持することを断念。代わりに高度経済成長を象徴する高島平団地の建設用地となったのだ。

この高島平を望むビューポイントとしては、赤塚公園の段丘際をおすすめする。崖線は緑地として保全されており、河谷で分断された台地は沖山や辻山などの愛称で呼ばれる。そして赤塚公園の展望台から望む、地平を埋め尽くす高島平の高層団地の群は圧巻である。経済戦争を戦い抜いた歴戦の艦船群が港に一時停泊しているかのような光景を一望できるからだ。

さて、崖線の南、台地の尾根筋を走るのは北一商店街（旧川越街道）で、その南側には田柄川の侵食したなだらかな谷がゆらゆらと台地面を漂っている。東武東上線を挟んで北側の台地に切り込む肉食系の谷とは対照的だ。この地形的構図は武蔵野台地の南端、等々力・尾山台と共通している。

ちなみに東武東上線の東武練馬駅があるのは実は板橋区で、駅の南側からが練馬区だ。練馬の語源については

中台二丁目公園からの眺め 住宅で埋め尽くされた狭く急峻な谷間を眺める（板橋区中台2丁目）

諸説あって、その1つが文化・文政期（1804〜1829年）に編まれた武蔵国の地誌『新編武蔵風土記稿』で見られる馬の調練説だ。確かに武蔵野の原野は馬の名産地でもあったわけだが、練馬は古くは「練間」と書かれたこともあるので、確かな説とは結論づけられない。他には古代宿駅「乗ヌマ」が訛ったとする説や、赤土などの煉場だったとする説などがある。もっとも興味深い説は、「根沼」が転化したとする説で、「根沼」とは、湧き出る奥まった水源地を意味する。本書でもたびたび登場している石神井川や、白子川などの水源となっている、大小の水源を多く持つ練馬の地形的特徴を言い当てているからだ。本書で紹介するのは練馬のごく一部に限られてしまうが、練馬は水源巡り・谷巡りの広大なフロンティアに違いない。

① 前谷津川の大きな谷

赤羽台から成増台、そして埼玉県側の朝霞台（あさかだい）と、北に荒川低地を望む台地には、比高の大きい河谷が刻まれている。中でも前谷津川の刻んだ河谷周辺には、眺望を遮る高い建

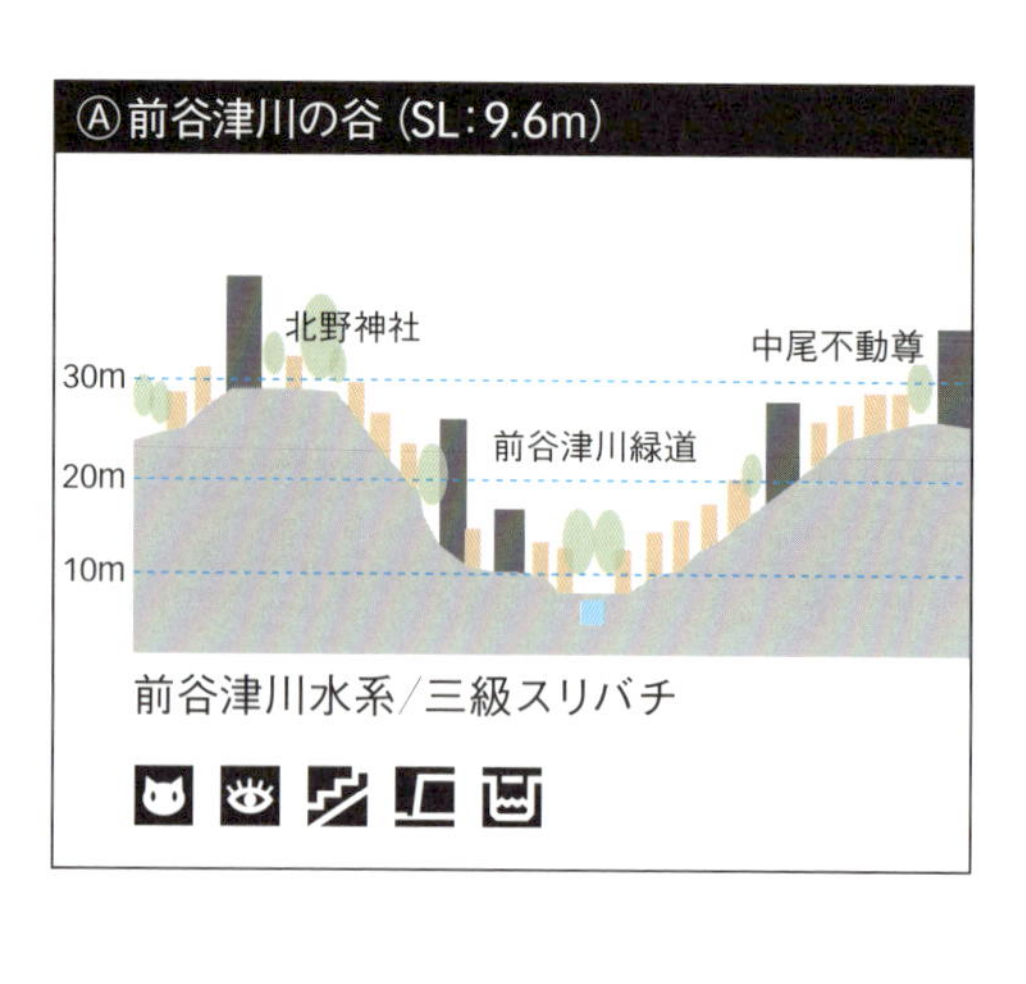

物も少なく、徳丸高山公園・昆虫公園をはじめとした「スリバチの空は広い」と実感できるビューポイントが点在している。

前谷津川は赤塚新町2丁目あたりの窪地を水源とし、前谷津川谷（徳丸谷）を刻んで東へ流れる河川だ。川は台地の狭間を蛇行しながら徳丸ヶ原と呼ばれた荒川の沖積地へと流れ出る。荒川低地の水路は、昭和の初期まで水田開発用の用水堀として灌漑に用いられてきたが、高島平団地開発の際、コンクリート護岸の水路に変わった。

前谷津川の大部分は現在、暗渠化され、かつての流路は前谷津川緑道として整備されている。徳石公園から上流部では流路が枝分かれし、その一部は水車公園や石川橋公園となっている。谷の左岸、南向きの丘には北野神社が鎮座し、北向き斜面の中尾不動尊と対峙している。

② 不動通りの谷とミニスリバチ群

東武練馬駅付近を谷頭とする不動通りの谷は、前谷津川支流が刻んだ河谷。不動通りの名は岬状に迫り出した台地

水車公園の茶室　水車公園では前谷津川の流れが復元され、茶室の庭園に利用されている（板橋区四葉１丁目）

前谷津川の谷　昆虫公園横の長い階段から前谷津川の谷を遠望する（板橋区徳丸３丁目）

前谷津川緑道　前谷津川は暗渠化され、緑道に整備されている（板橋区西台３丁目）

石川橋公園　徳丸石川通りに架かっていた橋周辺の谷間は石川橋公園となっている（板橋区徳丸５丁目）

に祀られた中尾不動尊に由来する。この谷の面白さは、フラクタル状に局地的なスリバチ状の窪地を付随させていることだ。南北に３つ連なる細支谷（しこく）は、住宅地に組み込まれながらもユニークな景観を形成している。東武練馬駅から見て２番目の窪地では、谷底へ下りる複数の階段が台地面から見渡せるため、まるで劇場の観客席のような光景となっている。静かな住宅地を進むと伏兵のように突如現れるこの連続した支谷群を、スリバチ学会では「練馬のスリ

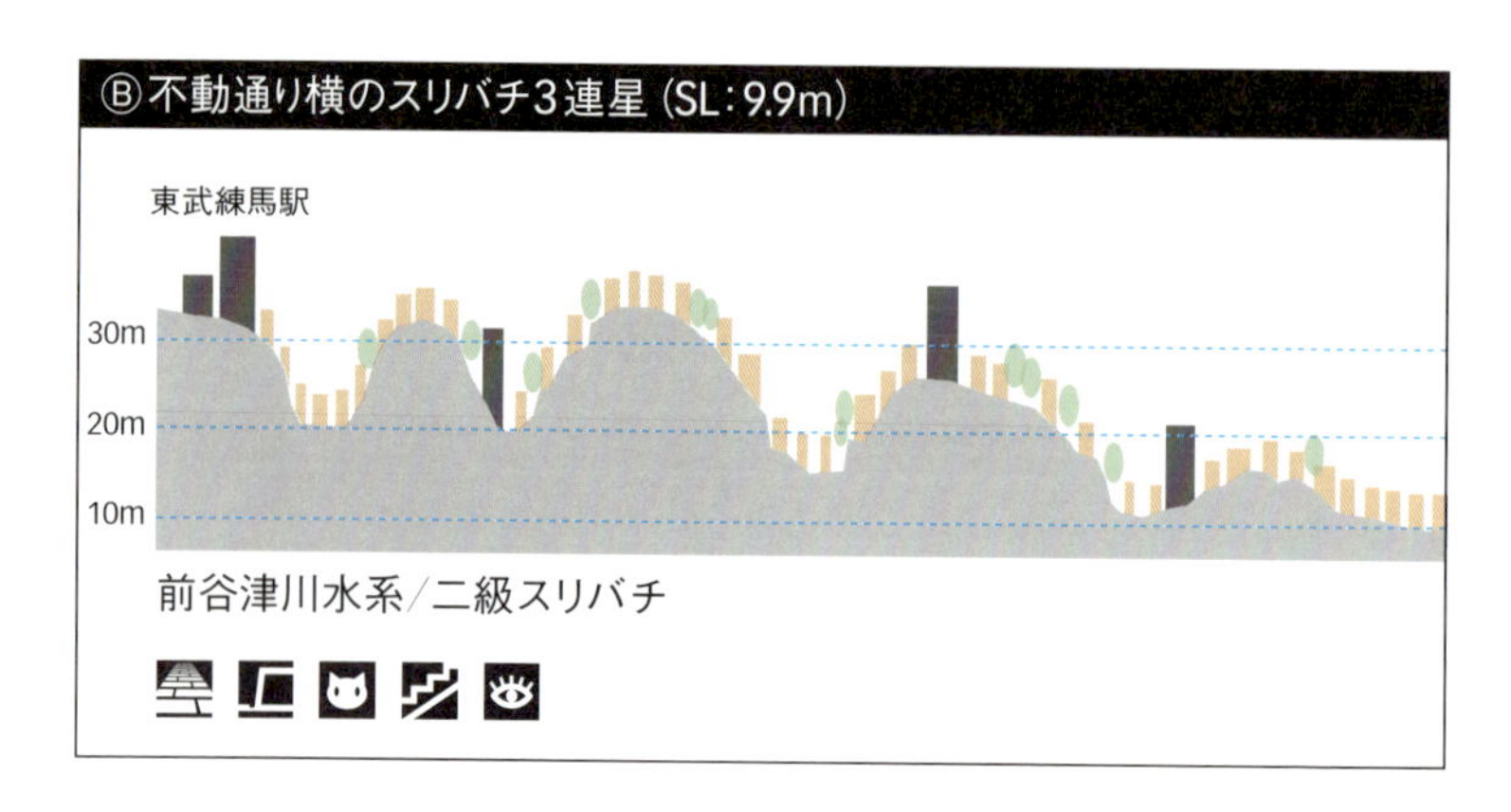

バチ3連星」と呼んでいる。

③ 蓮根川の谷

蓮根川が刻んだ谷底は、環八通りの道路に置き換わってはいるが、川の蛇行跡がところどころで残されている。蓮

練馬スリバチ3連星の1つ　谷底へと下りる階段がスリバチ状の谷間を囲んでいる（板橋区徳丸1丁目）

若木中央公園からのビュー　尾根筋に集合住宅が立ち、谷間を戸建住宅が埋めている（板橋区若木2丁目）

蓮根川の谷　中台しいのき公園より蓮根川の谷間を眺める（板橋区中台3丁目）

根川は、板橋区若木2丁目や西台4丁目付近の湧水を水源とし、中台と西台の台地の間の狭間を流れ、新河岸川に注いでいた、延長3kmほどの小河川である。

台地を刻む河谷は狭隘なため、中台しいのき公園や若木中央公園の丘に上れば、谷を埋める住宅群と対岸の丘を俯瞰できる。都心で多く見られる光景、建物が地形の起伏を強調する様子（スリバチの第一法則）が郊外でも成立していることを知る。

④ 不動谷

蓮根川の谷から直角に分岐する支谷は、谷の北向き斜面が西台公園として整備され、園内からは順光で明るいスリバチ風景を楽しめる。そして谷戸には農家や畑地が広がり、都心とは違ったのどかな谷戸の原風景も味わえるのだ。西台公園内では、さらにフラクタル状に極小スリバチも分岐し、斜面を活かした遊具が童心を誘う。また、谷底にはささやかながら、かつての水路も再現されている。谷の先端部は二股に分かれ、谷を隔てる岬に西台不動尊の古びた祠が佇む。かつては崖下に滝があり、行人が水垢離（水行）をする名所だった。そしてこのあたりは字不動谷と呼ばれていた。

⑤ とりげつ坂の谷

前谷津川と蓮根川で挟まれた半島状の台地先端にあるのが西台村の鎮守・天祖神社である。鬱蒼とした木立に守られ、境内には山岳信仰の末社も複数祀られている。

天祖神社のある台地を縁取る2つの谷筋も面白い。1つは西台陸橋あたりを谷頭とする谷で、幅1mにも満たない暗渠路を住宅地の中に見つけることができる。谷筋に沿った道は地元では「とりげつ坂」と呼ばれている。

西台公園からのビュー　西台公園から谷間の農村風景を眺める（板橋区西台1丁目）

西台公園内の窪地　西台公園内にはスリバチ状の支谷があり、斜面を活かした遊具が楽しそうだ（板橋区西台1丁目）

西台不動尊　不動谷と呼ばれた谷頭に建立されている西台不動尊（板橋区西台1丁目）

もう1つは西徳第二公園となっている谷戸で、急な石段を上った頂に京徳観音堂がある。西徳第二公園は、住みよいまちづくりのためにと、この付近の土地所有者が持ち分に応じて土地を提供し、昔ながらの山林の風景を残したものだそうだ。

⑥サンシティ下の谷

サンシティと呼ばれる大規模高層住宅が囲む広い谷筋がある。字名では長久保と呼ばれた、奥にも長い谷筋だ。谷間は現在、緑小学校の敷地や中台さくら公園に利用され、人工的ではあるが緑豊かな公園系スリバチとして、団地住民に憩いの場を提供している。サンシティは1978年(昭和53)に旭化成研究所跡地に建設された大規模団地で、建設に先だって行われた発掘調査で出土した、奈良時代の竪穴住居址の復元模型が中台さくら公園内に置かれている。

高層住宅に囲まれた長久保は、小さなV字状の支谷をいくつかしたがえている。1つは西向き斜面に刻

西台陸橋下のスリバチ　静かな住宅地が谷間を埋め、水路跡が残されていた（板橋区西台1丁目）

谷間に再現された水路　住宅団地の谷間は、水景施設が設けられた広場となっている（板橋区中台3丁目）

まれた谷で、対岸までは100mにも満たない急峻な斜面を成し、谷底には一人前に川跡も残っている。地図上ではなかなか気づきにくいが、歩いて発見できる魅力ある局地的スリバチの極みだ。もう1つの支谷は、延命寺を谷頭とする小さな河谷で、境内には「不動尊の池」と呼ばれた湧水池があった。

⑦ 前野川の谷

前野川の谷頭付近は比高が大きく谷幅も狭い。したがって斜面は崖状となり、中台二丁目公園やどんぐり山公園で保全された崖線を味わえる。公園からは対岸の丘を間近に見つつ、谷を俯瞰できる眺望が嬉しい。中台二丁目公園より下流側は、川跡が緑道として整備されているが、暗渠探検にはむしろ上流側へ遡上するほうが面白い。若木1丁目付近の窪みまで遡れる風情ある暗渠路が住宅地に残されているからだ。上流部では複数の支谷が分かれ、西向きの谷には日暮久保との字名がつけられていた。

右＝**サンシティ横のV字谷**　向かい合う急斜面と階段で河谷の幅の狭さがよくわかる（板橋区中台2丁目）／左＝**どんぐり山公園下の谷**　どんぐり山公園の麓には前野川の河谷が横たわる（板橋区中台1丁目）

⑧田柄川の大らかな谷

東武東上線以北にあるワイルドな谷に目を奪われがちだが、川越街道の南に緩やかに蛇行するなだらかな谷もユニークだ。この谷を流れていたのは田柄川（田柄用水）で、練馬区光が丘の秋の陽公園付近の雨水を集めて東へ流れ、石神井川に注ぐ延長４・９kmの河川である。上流部の田柄用水は田無用水から分水されたもので、農業用水や水車の動力源の他、石神井川下流の火薬製造および製紙用の工業用水として利用されてきた。農村地域の宅地化が水害を招く結果となり、１９８１年に暗渠化され、かつての水路は田柄川緑道となっている。環八通りとの交差部近くに残された「棚橋」の親柱は遺構の１つだ。

台地表面を気ままに彷徨う田柄川であるが、大雨のときの有力な排水路として、かつては川越街道を冠水から守る役割を担っていた。丘の上を気ままに悠々と流れる河川に、横から積極的にアプローチするかのような、肉食系の谷が迫る様子も地形図から見て取れる。この地形的構図は、等々力・尾山台周辺と類似性があり、等々力渓谷のような河川争奪が起きたかもしれない関係性といえる。

田柄川の棚橋跡　環八通りが田柄川を渡る場所に棚橋の親柱が残されていた（練馬区北町１丁目）

成城

丘を縁取る谷

Seijo

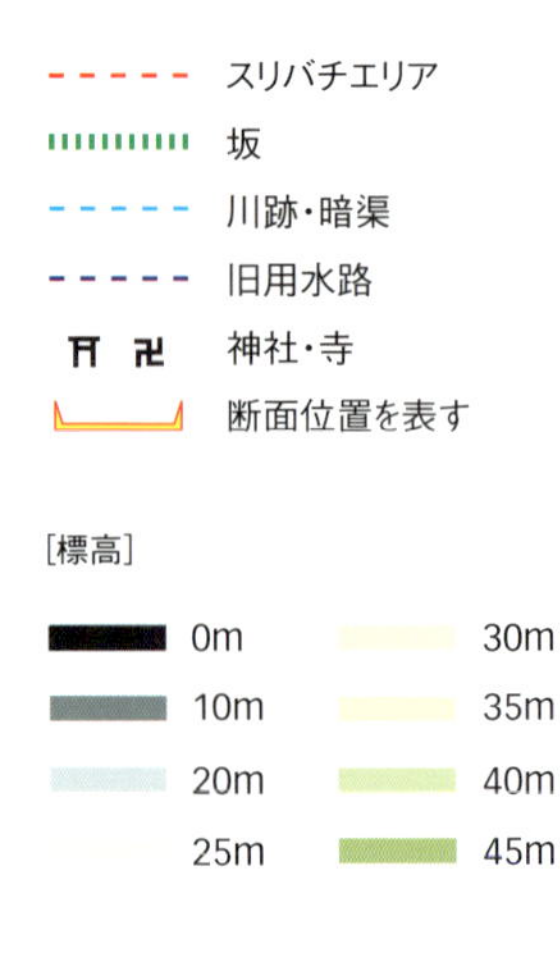

調布市
祖師谷公園
②入間公園の谷
成城8丁目
観世音堂
入間公園
成城通り
仙川の谷
成城四丁目緑地
成城通り
ドーナツ池
祖師谷三公園
成城富士見橋通り
成城5丁目南
成城大
きたみふれあい広場
成城学園前駅
A
旧入間川
神明の森みつ池
喜多見不動堂
成城通り
①国分寺崖線の窪地群
成城2丁目
喜多見駅
野川
どんぐり坂
丸坂
仙川
お茶屋坂
世田谷通り
狛江市
成城三丁目緑地
東宝ス
滝下橋緑道
病院坂
二ノ橋
次太夫堀
砧小学
次大夫堀公園

成城地区は、田園調布と並ぶ東京近郊の高級住宅街として知られ、国分寺崖線と仙川がつくる河谷（祖師谷）に縁取られた範囲を指す。平坦な台地面に整然と配置された街路には、イチョウや桜の並木が続き、住宅街の生け垣とともに、風格ある住宅地を印象づける。スリバチ状に窪む地形に呼応するように街路が放射・環状に描かれている田園調布とは対照的に、成城では台地面に直交するグリッドの街路構成が用いられている。町を縁取る国分寺崖線では、今でも湧水群が見られ、その崖線を刻むような谷戸もいくつか存在している。

崖線下を流れる野川は、古多摩川の名残川といわれ、洪水のたびに氾濫原の中で流路を変更してきた。それ自体は自然の摂理であるが、氾濫原で調整池の役目も果たす水田がなくなり、宅地化されるようになると、「あばれ野川」のレッテルを貼られ、現在の流路にコンクリートで押し込められた。これまで多く見てきた、沖積地を流れる都市河川の典型的な姿だ。

野川は国分寺市の日立製作所中央研究所の湧水を水源とし、国分寺崖線に沿って流れ、多摩川に注ぐ。武蔵野・立川の2つの段丘の境が湧水線となり、ハケと呼ばれる湧水群を成している。真姿（ますがた）の池・貫井神社の弁天湧水・野川公園など、多くの湧水が左岸から流

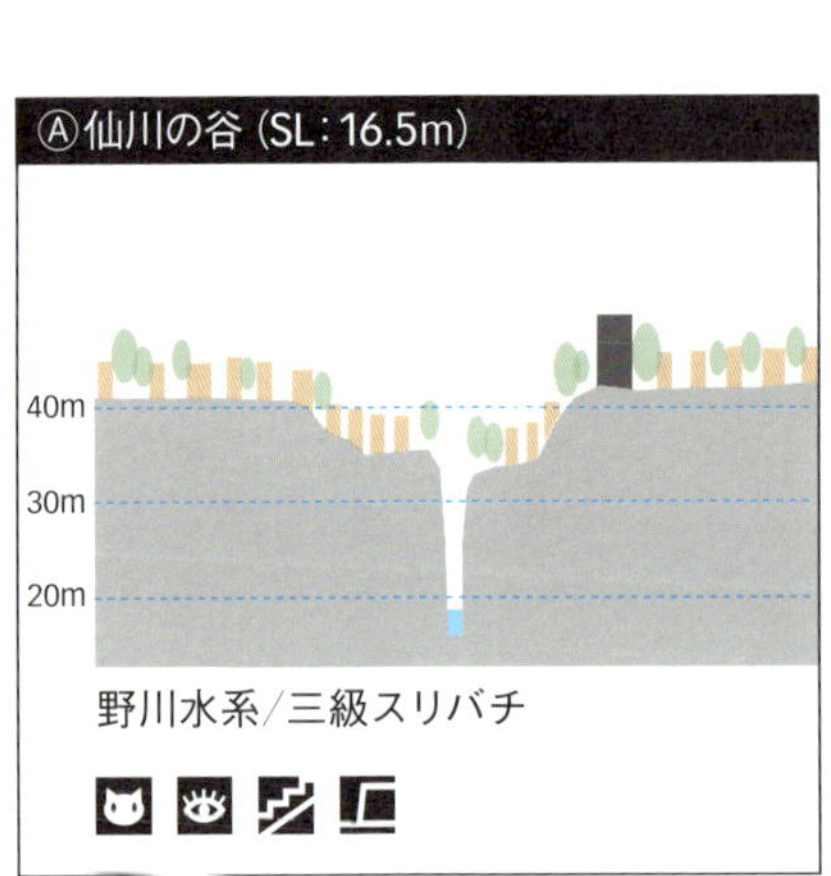

成城学園の町並み　桜並木の続く閑静な高級住宅地（世田谷区成城6丁目）

入しており、世田谷区内でも同様の湧水を多く見ることができる。

　ここで特徴的な2つの水路を取り上げておきたい。その1つは荒玉水道道路と呼ばれ、世田谷区喜多見から杉並区梅里1丁目まで、ほぼ一直線の道が続く。地下には水道管が埋設されており、重量制限はあるものの車両での通行も可能だ。この水道は、武蔵野台地の都市化による水需要増加に応えるために、荒川と多摩川から取水する計画で建設されたものだ。「荒玉」の名はそこからつけられたものだが、荒川からは結局取水されないまま、水道施設としては1931年に多摩川からの給水を始めた。多摩川の伏流水は、砧浄水場からポンプ加圧され、野方（中野区）と大谷口（板橋区）の配水塔へ送られていた。

　もう1つの水路は、野川と多摩川に挟まれた沖積低地を流れる次太夫堀だ。次太夫堀とは、「馬込・山王」の章で紹介した六郷用水の上流部分で、このあたりの沖積地に拓かれた田畑を潤す農業用水だった。次大夫堀公園内では復元された水路の他に、再現された江戸時代の農村風景を見ることができる。現在は仙川から引水し丸子川とも呼ばれ、こちらは「等々力」の章で紹介した。

右＝**荒玉水道道路**　一直線の荒玉水道道路が彼方まで続いている（世田谷区砧7丁目・大蔵3丁目）／左＝**次大夫堀公園**　次大夫堀公園では、六郷用水や水田・民家を配し、かつての農村風景を再現している（世田谷区喜多見5丁目）

野川へと下りる急斜面の窪地に祀られるのが喜多見不動堂で、崖下から湧く水を活かした不動の滝もある。これは砂礫層中の地下水が、下部不透水層である東京層との境から湧き出したものだ。喜多見不動堂のもう1つの見どころは、境内奥に神秘的な祠が佇む手掘りの洞窟があることで、中へ入ると、水分を含んだ武蔵野ローム層を間近に見て、触ることもできる。

神明の森みつ池は、国分寺崖線を谷頭侵食しつつあるスリバチ地形で、成長途中のスリバチといえる。名の由来は、湧水を湛えた3つの溜池があり、傍らに水神の祠があったからだ。谷を刻んだ湧水は湿地や池を経て、今でも野川へ流れ込んでいる。ここは自然保護のため年数回の観察会のときのみ開放されているが、普段でもフェンス越しに神秘的で緑豊かな谷戸を眺めることはできる。

また、成城三丁目緑地では、国分寺崖線からの豊かな湧水が清らかな流れをつくり、地元の子供たちが川遊びに興じている。崖線を見上げれば落葉広葉樹の緑が清々しく、都会にいることを忘れさせてくれる。成城三丁目緑地は、世田谷トラストまちづくりの人々や

右＝**喜多見不動堂の滝**　崖下の湧水が不動の滝に利用されている（世田谷区成城4丁目）／中＝**神明の森みつ池**　みつ池の森は、落葉広葉樹の多い雑木林から成る（世田谷区成城4丁目）／左＝**成城三丁目緑地の清流**　成城三丁目緑地では、豊富な湧水が小川となって流れている（世田谷区成城3丁目）

ボランティア、近隣住民など多くの人たちが関わりあって、「都市の里山」をテーマとしたみどりの保全活動に支えられているものだ。

② 入間公園の谷

国分寺崖線に刻まれた谷戸を活かした調布市入間公園では、なだらかな起伏を歩いて地形を体感できる。回遊式の大名庭園とは違う、郊外型公園系スリバチの魅力を味わいたい。崖下には今でも、谷頭から湧き出た水が小さなせせらぎをつくっている。湿地帯を思わせる窪地をスリバチビューの住宅が囲んでいるところもユニークだ。

③ 耕雲寺下の窪地

冒頭の地形図中央を北から南へ流れているのは仙川だ。起点は小金井市で、武蔵野市・三鷹市・調布市を抜け、世田谷区鎌田で野川に合流する、全長20・9kmの一級河川である。流路の途中で多くの湧水を持ち、千釜（釜は水の湧くところを意味した）が仙川の名の由来とされる。

しかしこのあたりでは、仙川に流れ込む支流は少ない。仙川を跨いで立地する成城学園のキャンパスには、ドーナツ池と呼ばれる小

スリバチ状の入間公園　谷戸地形を活かした郊外型公園系スリバチの入間公園（調布市入間町3丁目）

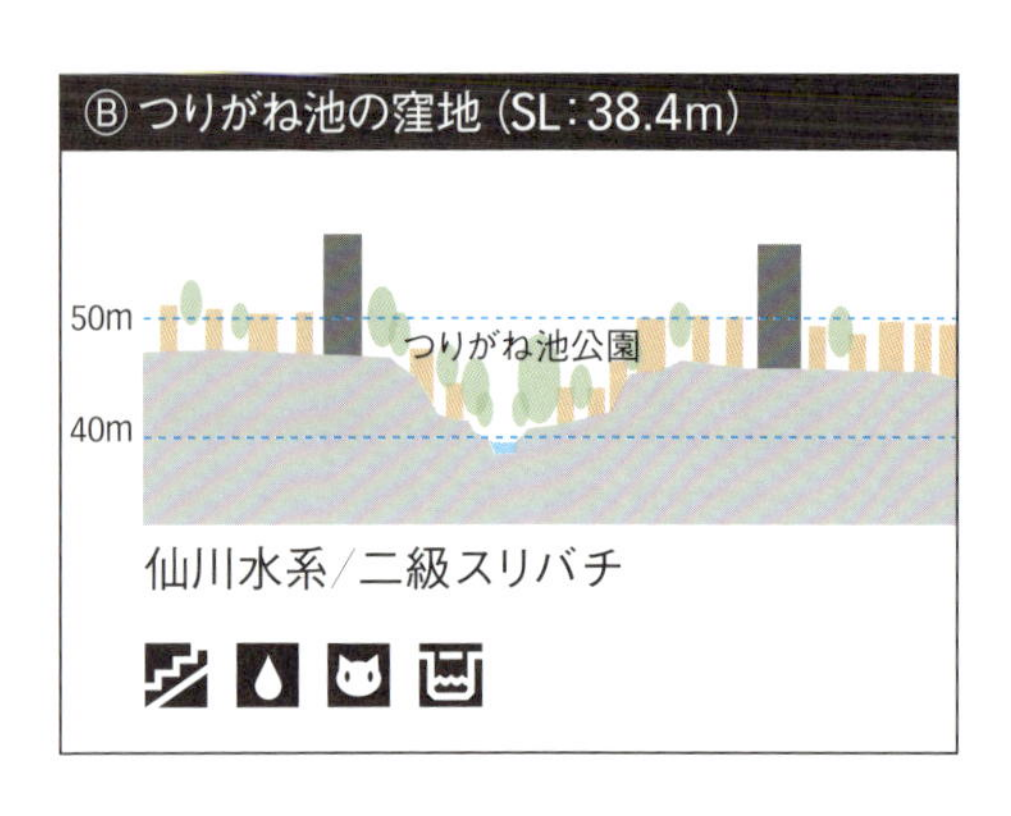

耕雲寺下の暗渠路　仙川支谷のスリバチ状の窪地へと誘う暗渠路（世田谷区砧7丁目）

さな池があるが、これはグラウンドをつくるために沖積地の土を掘ったところ、水が湧き出して池になったものだという。規模は違えども、成り立ちは東京大学本郷キャンパスの三四郎池と同類である。中ノ島を持つ自噴池が、弁天池ではなくドーナツ池とネーミングされたところが成城らしい。

仙川の現在の水路はコンクリートで垂直護岸化されてはいるが、川の蛇行した痕跡が道路として残る。その水路跡らしき道路から枝分かれする小径の先に、小さなスリバチ状の窪地があり、窪地の先端部には耕雲寺というモダンなデザインの曹洞宗の寺院が立っている。耕雲寺は1952年（昭和27）に新宿角筈からこの地に移ってきたもので、高輪の泉岳寺や東禅寺などと同じく、谷戸の最深部、谷頭に立地するスリバチ寺の典型例だ。台地突端の神社と谷頭の寺院は、立地上は対極であるが、地形的な「奥」の特異点という意味においては共通であり、ネガポジの関係ともいえよう。

④ つりがね池の窪地

仙川の両岸は古くから祖師谷の名で呼ばれていた。地名の起こりは、地福寺という谷間の寺の境内に祖師堂があったためともいわれ

つりがね池支流の水路　つりがね池支流に架かる橋（世田谷区祖師谷５丁目）

つりがね池公園　谷頭から湧き出た水を湛えるつりがね池（世田谷区祖師谷５丁目）

る。かつてこの一帯には草原や森が広がっていて、多くの湧水があり、やがてはその水を利用した大蔵田んぼが開拓された。

ここでは、谷地形を把握しやすいつりがね池を谷頭とする支谷を取り上げておきたい。仙川へ合流するまでの流路は、暗渠や開渠となって容易に辿れ、流路沿いには橋の欄干も残されている。

本章で紹介した成城三丁目緑地の湧水は崖線タイプだが、つりがね池は典型的な谷頭タイプの湧水池で、都心部にも多く見られる二級スリバチだ。谷頭タイプの湧水とは、湧出力によって湧き頭付近が侵食されて地層が液状化し、地層下部の崩落が徐々に進行することで馬蹄形の谷頭地形を形成するものをいう。

池の名の由来は、古来雨乞いをしても日照り続きで村人が困っていたところ、神のお告げにしたがってとある高僧が釣鐘を抱いて池に身を沈めたことによるといわれる。近年までこの地では雨乞いの行事が続いていたが、雨水を浸透させてしまう関東ローム層が厚く覆う武蔵野面の台地では、水を得るのに苦労したはずだ。武蔵野台地では西へ行くほど地下水位が低く、それだけ深い井戸が必要だったからだ。その意味でも、水の湧き続けるスリバチ池はとてもありがたい存在、まさにオアシスだったのだ。

下北沢

Shimokitazawa

ダイダラボッチの足跡伝説が残る谷

- - - - スリバチエリア
坂
- - - - 川跡・暗渠
- - - - 旧用水路
神社・寺
断面位置を表す

[標高]

	0m		25m
	10m		30m
	15m		35m
	20m		40m

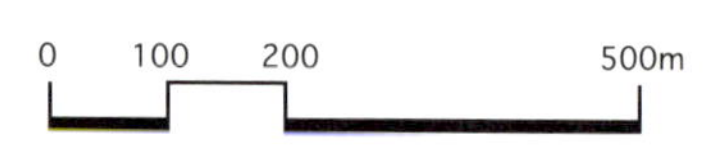

笹塚駅
大原
甲州街道
⑤森巌寺支流の谷頭
和泉水圧調整所
代田橋駅
玉川上水
首都高速4号新宿線
京王線
北沢中学校
和田堀給水所
大原二丁目
井の頭通り
明大前駅
羽根木神社
④ダイダラボッチの足跡
②松原支流の谷
③羽根木支流の谷
旧守山
小学校
一番街
正法寺
勝林寺
鎌倉通り
新代田駅
東松原駅
京王井の頭線
④ダイダラボッチの谷
下北沢駅
環七通り
羽根木公園
世田谷代田駅
代沢三差路
世田谷区
小田急小田原線
梅ヶ丘駅
①北沢川の谷
円乗院
鎌倉橋
宮前橋
代沢

「シモキタ」の愛称で呼ばれる下北沢。もともと、のどかな農村だった一帯は関東大震災後で被害が激しかった下町低地からの移民の受け皿となり、鉄道網の普及もあって商業と住居が混在しながら急速な発展を遂げる。特に駅周辺の商業地の急速な形成に、区画整理や公共スペースの整備が追いつかず、路地の入り組む複雑な町並みが形成されていった。第二次世界大戦でも被害が少なく、戦後はすぐに闇市が立ち、渋谷にも新宿にも近い立地特性からにぎわいは加速する。近年、解体された下北沢駅前食品市場は、その闇市の名残だった。

狭く複雑な街路構成ゆえ車が入り込めず、被災を免れて老朽化したアパートなどが多かったことが幸いしたのかもしれない。賃料が比較的安く、若者が住みつきやすいことで、この町特有の文化が生まれていった。いつしか学生だけでなく、アーティストやミュージシャンなど、自由人が流れ着く町・シモキタの素地が醸成されていった。1982年（昭和57）に本多劇場がオープンしてからは、「劇場の町」としても知名度を高め、住みたい町としてもメディアに取り上げられ、今や海外から人が訪れる観光地の趣さえある。そして地下化された小田急線の旧線路跡に2022年5月、下北線路街が全面開業し、新たなにぎわいを創出している。

シモキタの町　人通りが絶えないシモキタの町。坂道や三叉路が多い（世田谷区代沢5丁目）

けれども地形マニアにとって下北沢は、「伝説の町」として知られている。その伝説とは「ダイダラボッチの足跡」伝説。謎の凹地から想起されたロマンあふれる巨人伝説のことだ。

スリバチ学会が都内の凹地に目を向ける以前から、その不思議な地形に関心を寄せたのが民俗学者の柳田

下北線路街　小田急線の地下化に伴い、全長約1.7kmの線路跡地には商業施設や保育園、温泉施設などが連なる（世田谷区代沢２丁目）

國男だった。彼は世田谷区代田のいくつかの場所で観察できる凹地を「ダイダラ坊（ダイダラボッチ）の足跡」と解釈し、代田の地名もそれに由来したものだと主張した。ちなみにダイダラ坊は「大太法師」とも書き、日本各地に流布している伝説上の巨人のことである。

理系の地形マニアとして、その凹地の答えを先にいってしまうと、いずれも川の源流部、水の流れの始まりに相当する浅い窪地のことだと思う。現在はいずれの窪地でも湧水を見ることはできず、雨が降れば地面の水が集まる程度の緩い傾斜地である。

地形学の理学博士・貝塚爽平氏は『東京の自然史』の中で、不明点も多いと断りながらも、窪地の成因について「石灰岩地帯のドリーネと同じように、地下に堆積している関東ローム層が窪地直下で流されたもの」と説明している。

さて、地下化された小田急小田原線と高架の井の頭線がX字に交差する下北沢駅を中心に発展する下北沢の繁華街。町は北沢川森巌寺支流がつくった谷に向かって傾斜する土地にあるため、平坦な場所が少なく、緩やかな坂道がどこまでも続いている。三叉路が多く、ごちゃごちゃ感も渋谷に似ていて、道に迷う人も多いのではないだろうか。

シモキタの魅力は人それぞれだと思うが、本章では意外にも知られていない下北沢の地形的魅力を紹介してみたい。柳田國男が関心を寄せたダイダラボッチの足跡（窪地）だけでなく、この付近に点在する窪地（谷頭）を追いかけてみよう。柳田國男もそれらの窪地に特別な関心を寄せたに違いないのだから。

① 北沢川の谷

まずはダイダラボッチの足跡と称された水源からの川が注ぐ北沢川の谷間を紹介しておこう。

北沢川は、松沢病院敷地内の池など、いくつかの湧水を集める自然河川で、江戸時代の1658年（万治1）には幕府から認められ、玉川上水からの分水が上

北沢川緑道　暗渠化された北沢川は遊歩道として整備されて憩いの場となっている（世田谷区代沢4丁目）

流に引水された。もともと北沢川流域には水田地帯が広がっていたので、水量が増えて農業用水としても活用されたため、北沢用水とも称された。

現在は全域が暗渠化され、復元されたせせらぎを眺めながら散策が楽しめる遊歩道となっている。ちなみに京王線に上北沢駅があるが、北沢川の上流に立地するからの駅名である。北沢川の下流は、三宿で烏山川と合流し、目黒川に名を変える。

②松原支流の谷

京王井の頭線の東松原駅は、2つの浅い谷間に挟まれた丘の上に立地する。その東松原駅西側の谷は、松原1丁目あたりに源流部があり、井の頭線の軌道はほぼこの谷筋に沿って敷設されている。川を渡るコンクリート製の名もなき橋がところどころで残され、暗渠探索も楽しい浅い谷間である。

松原支流の名もなき橋　松原支流の暗渠路には名もなきコンクリート製の橋が残る（世田谷区松原1丁目）

松原支流の暗渠路　右側の歩道が暗渠路だ（世田谷区松原1丁目）

羽根木支流の暗渠路　地下にクネクネと暗渠路が続く（世田谷区羽根木1丁目）

③ 羽根木支流の谷

東松原駅の東側の谷間を流れた川も、その痕跡が住宅地の中にゆらゆらと残されている。源流へと遡ると丘の町・羽根木（はねぎ）に辿り着くので羽根木支流と呼ぶことにする。苔むした暗渠路は風情たっぷりだ。松原支流と羽根木公園の北側で合流し、区画整理で整った町並みが広がる梅ヶ丘駅付近で北沢川に注いでいた。

④ ダイダラボッチの谷

柳田國男が散歩途中で発見した窪地を源流部とする北沢川支流がつくった浅い谷間。旧守山小学校下の窪地で、2つの流れが合流して池を成していたという。池の形状が右足の足跡のような形をしているため、柳田國男は特にこの地に関心を示したに違いない。池の中央にはかつて弁天様も祀られていたという。昭和の初めまでは湧水が見られたが、一帯は宅地化されて窪地も埋め立てられ、湧水も失われた。

川の流れ　一部が開渠となっているため水の流れを見ることができる（世田谷区代田5丁目）

ダイダラボッチの足跡と称された窪地　地形図には現れないくらいの緩やかな窪地だ（世田谷区代田6丁目）

かつての川の流れに沿うよう谷筋に湾曲した道が残されている。付近は守山田圃と呼ばれた水田地帯であった。井の頭線をくぐる場所で、新代田駅あたりからの流れを合わせて南下する。線路をくぐる場所が開渠となっているので、わずかながらではあるが水の流れを見ることができる。流れは小田急線も越えたあたりで次に紹介する森巌寺支流と合流し、北沢川に注いでいた。

⑤ 森巌寺支流の谷

下北沢駅の東側を流れ、北沢川へと注ぐ森巌寺支流を最後に紹介しよう。シモキタの緩やかに傾斜する地形をつくった母なる川だ。

この一帯の総鎮守・北沢八幡神社の隣に位置する森巌寺の横に、森巌寺支流の暗渠路が残されているので源流に向けて北へと歩いてみよう。茶沢通りのすぐ裏手に暗渠路が続き、かつては裏の存在だった暗渠路に顔を向けたカフェも散見できる。高架を走る井の頭線

森厳寺支流暗渠路　茶沢通りの裏手に残された暗渠路（世田谷区代沢2丁目）

を越えるあたりでは、川跡が駐輪場に利用されている。井の頭線の北側にも暗渠路は続いている。本多劇場とともに「劇場の町」シモキタを象徴するザ・スズナリ前の歩道が流路跡。スズナリ横丁は川端の飲み屋街なのだ。

小田急線の北側に残る川跡はさらに暗渠らしくなる。川跡が幾筋か確認できるのは、かつて谷間が水田利用されていた頃の名残。北沢4丁目あたりで北沢中学校第二校舎からの細流との合流地点を過ぎ、さらに遡上すると拡張工事が進む井の頭通りに辿り着く。

暗渠路はいったんここで途切れるが、地形マニアならさらに上流部があると疑うはずだ。谷の終わりが不自然だからだ。実際の流れはさらに北側へと遡れ、北沢中学校の校庭の先には細い暗渠路が現れ、北沢5丁目あたりの浅い窪地で暗渠探索は終了する。

このあたりが森厳寺支流の源流部に違いない。この窪みを避けるために玉川上水も迂回している様子が冒頭の凹凸地形図からもよくわかる。

柳田國男が関心を寄せた窪地とは、ここで取り上げた北沢川支流源流部の数々だったに違いない。柳田はその魅力にすっかりハ

森巌寺支流谷頭付近　井の頭通りで暗渠路はいったん途切れるが、谷を巡る冒険はここでは終われない（世田谷区北沢4丁目）

森巌寺支流の流路跡　ザ・スズナリ前の緩やかにカーブする歩道が流路跡（世田谷区北沢3丁目）

マリ、ダイダラボッチの痕跡を探すフィールドワークへと出かけてゆく。そして下北沢以外でも、当時の駒沢村、碑衾村などでも窪みを発見し、「東京市は我々日本の巨人伝説の一個の中心地」と記している（『柳田國男全集』筑摩書房）。

東京スリバチ学会は、東京のことをしばしば「スリバチの都」と紹介するが、柳田國男が興奮気味に語ったフレーズと同一といえなくもない。ハマったら抜け出せず、東京を歩きたくなる衝動へと駆り立てる謎の窪地（スリバチ）。スリバチ探索をサブカルチャーの町・シモキタから始めてみてはいかがだろうか。

森巌寺支流跡　暗渠サインとも呼ばれる銭湯が残る森巌寺支流の跡（世田谷区北沢4丁目）

森巌寺支流谷頭　緩やかな窪みで暗渠探索は静かに終わる（世田谷区北沢5丁目）

観光名所としての谷

谷中・根津・千駄木

Yanaka,
Nezu
&Sendagi

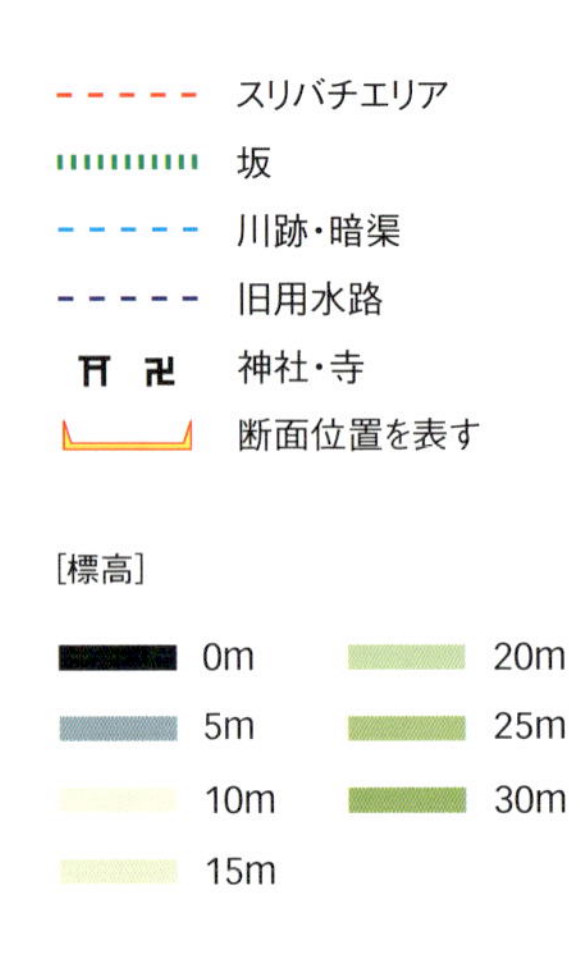

文京区
①藍染川の谷
②須藤公園の窪地
③ふれあいの杜の窪地
④根津神社の窪地
⑤清水町
⑥上野動物園東園の
鶏声ヶ窪
指ヶ谷
清水橋下の谷
暗闇坂の窪地
三四郎池の窪地
菊坂の谷
動坂下
稲荷坂
動坂
天祖神社
吉祥寺
不忍通り
道灌山通り
よみせ通り
西日暮里駅
開成高
諏方神社
地蔵坂
富士見坂
法光寺
本行寺
谷中銀座
（夕やけだんだん）
長明寺
天王寺
藍染川
須藤公園
団子坂
千駄木駅
五重塔跡
森鷗外記念館
世尊院
大圓寺
三崎坂
本駒込駅
白山上
白山神社
千駄木
ふれあいの杜
へび道
あかじ坂
白山駅
京華通り
東京メトロ南北線
日本医科大学
千駄木2丁目
一乗寺
上野
浄心寺坂
三浦坂
根津神社
谷中清水町公園
善光寺坂
言問通り
東京メトロ千代田線
胸突坂
お化け階段
東大前駅
白山三業地跡
巌浄院
伊賀坂
弥生坂
根津駅
妙極院
曙坂
東京大学
本郷キャンパス
上野動物園東園
弥生二丁目遺跡
本郷弥生
清水橋
新坂
白山通り
都営三田線
暗闇坂
上野動物園西園
西片公園
宗賢寺
本郷通り
東京大学
医学部
付属病院
心字池
（三四郎池）
源覚寺
西片
胸突坂
梨木坂
長泉寺
堀坂
鐙坂
本妙寺坂
春日駅
炭団坂
菊坂

谷中・根津・千駄木は、2つの台地に挟まれた、湾曲するなだらかな谷間に広がる町である。底面の広い谷を流れていたのは藍染川で、上流域では谷田川（谷戸川・境川とも呼ぶ）とも呼ばれた。この川筋にはもともと、石神井川が流れていたということを「王子」の章ですでに触れた。本章では、散歩本でもたびたび紹介される、この藍染川沖積地の魅力を地形から読み解きたい。

現在の藍染川は他の都市河川と同じく暗渠化され、流路の痕跡は、商店街の「よみせ通り」や、住宅地で蛇行する「へび道」に見出すことができる。谷中はその名のとおり谷あいの町で、戦災による被害が少なかったため、木造家屋や寺院、そして古い路地が数多く残る、都心でも貴重な界隈なのだ。最近では、レトロな東京を味わえるだけでなく、古い商家を若手の店主が改装したギャラリーやセレクトショップ、カフェなども散見され、ぶらぶらと散策するのも楽しい観光スポットに育っている。

今でこそガイドブック片手に訪れる人も多くなったが、これは1984年に創刊された『地域雑誌 谷中根津千駄木』、

右＝**よみせ通りのにぎわい** 夕暮れ時で活気づく「よみせ通り」は藍染川の流路にあたる（台東区谷中3丁目・文京区千駄木3丁目）／左＝**藍染川跡の道** 藍染川のほとりで染物屋をやっていた「丁子屋」が生き証人のように残る（文京区根津2丁目）

通称『谷根千（やねせん）』（2009年休刊）の功績が大きい。「谷根千」の名はもちろん「谷中・根津・千駄木」の略称から生まれたもので、自分たちが住む町の情報発信から始まり、地域コミュニティ創生へと結びついた地域雑誌の好例だ。住む町を愛する地元住民の活動が、町を元気にした好例として、日本各地での村おこし・町おこしの参考ともなっている。

さて地形の話に戻ると、根津とは津（海）の根っこの意味ともされ、縄文海進期にはこのあたりまで海が入り込んでいたともされる。藍染川は不忍池へ流れ込むが、不忍池は東京湾に繋がる入海の名残といわれる。現地に行くと、池の南にある仲町通りが微高地となっており、池の下流側を塞ぐ格好となっているのがわかる。この微高地は、奥東京湾を成していた海が後退していく途次に、海岸線近くでつくられた砂州とされている。ちなみに不忍池の名は、江戸期の上野山は木々が茂っていたため忍ケ丘とも呼ばれていて、逆に池周辺は見通しがきくのでその名がつけられた。

その忍ヶ丘と呼ばれた上野の台地は、広大な平坦面を持つ台地である。現在では上野恩賜公園となり、多くの美術館や

不忍池を塞ぐ砂州　不忍池下流側にある砂州と思われる微高地（台東区上野2丁目・文京区湯島3丁目）

不忍池と上野の台地　不忍池は縄文海進期には東京湾の入江だった。池の中央に弁財天がある（台東区上野公園）

博物館が集まる文化の薫る丘ではあるが、江戸時代は言わずと知れた徳川将軍家の菩提寺・寛永寺のあった丘として有名だ。

1625年（寛永2）、黒衣の宰相・天海僧正の具申により、江戸城の北東方向、すなわち鬼門である上野台に「東叡山寛永寺」が建立された。京都御所と比叡山との関係構図を再現し、東の比叡山としての山号がつけられた。さらに寺号は、延暦寺が延暦時代の造営なのに対し、寛永時代の縁起なので「寛永寺」と命名されたのだ。山の麓に琵琶湖をなぞらえた不忍池が、そして竹生島（ちくぶしま）に模して弁財天が祀られた。境内にある清水観音堂は京都の清水寺を擬したもので、不忍池を望む絶景スポットだった様子が歌川広重の浮世絵『名所江戸百景』でも描かれている。現在は斜面に木々が生い茂り、清水の舞台からの眺望は残念ながらいまひとつだ。

江戸時代、寛永寺は芝の増上寺と並ぶ将軍家の墓所として権勢を誇ったが、幕末の1868年（慶応4・明治1）、寛永寺を守る彰義隊と官軍との戦い、いわゆる上野戦争で、伽藍のほとんどを焼失してしまった。明治の時代に変わってからは、オランダ医師ボードワンの意見を取り入れて日本初の公園に指定され、現在に

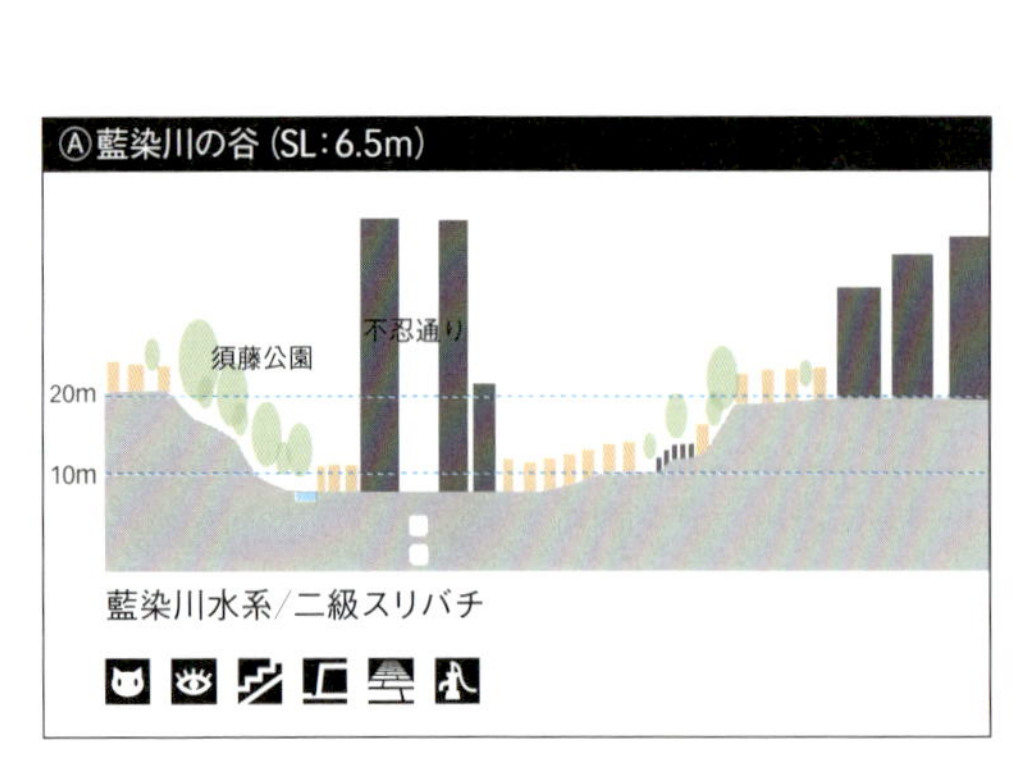

崖上の清水観音堂　京都の清水寺を模したお堂と舞台。『名所江戸百景』でも描かれた「月の松」が復元されている（台東区上野公園）

至る。

① 藍染川（谷田川）のおおらかな谷

上野台と本郷台を分断する藍染川（谷田川）の谷は、かつての石神井川が侵食した大きな谷だ。商店街や下町の広がる氾濫原が平面的な広がりを持つのは、豊富な流量を誇る石神井川がもともとはここを流れていたからである。この界隈では、「よみせ通り」のような商店が連なるにぎやかな街路や細い迷路状の路地が絡まり合い、古い木造家屋が商店やギャラリーなどに転用され、行くたびに発見のある町が形成されている。

谷は非対称谷の性状を持ち、西向き斜面が比較的なだらかだ。谷へと下りる坂道には、「夕やけだんだん」をはじめ、富士見坂、三崎（さんさき）坂、善光寺坂など、名物の坂道や階段も多い。また、台地と谷地の際には長明寺や大圓寺など、江戸時代に神田より移転してきた寺院が70以上も連なり、都内有数の寺町となっている。

一方、反対側の東向き斜面、本郷台地側は崖を成す場所が多く、数カ所で小規模な窪地が崖線をえぐっている。かつては、中腹からの湧水が細流となって藍染川に注いでいた。

右＝**谷中のへび道**　蛇行した藍染川の流れをそのまま道にしたという通称「へび道」（台東区谷中2丁目・文京区千駄木2丁目）／左＝**台地から谷中を望む**　上野の台地から望むと、谷中の町は谷の中にあることがわかる（荒川区西日暮里3丁目）

② 須藤公園の窪地

谷中の右岸、本郷台地の崖線に刻まれたスリバチ状の窪地を北から順に巡ってみよう。まずは、団子坂北の小さな窪地にある須藤公園だ。滝が注ぐ池の中央に弁財天の祠堂が祀られて、急峻な東向き斜面には常緑の大木が谷を見下ろしている。弁財天のある池は、本郷台地から湧き出た清水を活かしたもので、公園系スリバチの典型である。

この池と庭園は、江戸時代は加賀藩の支藩である大聖寺藩下屋敷の回遊式大名庭園だったもので、明治維新後は第一次松方内閣の内務大臣を務めた品川弥二郎の邸宅となった。その後、実業家の須藤吉左衛門が所有し、1933年に東京市に寄付されたものだ。公園の名はこの厚意を伝えるためにつけられたものである。

③ ふれあいの杜の窪地

団子坂の中腹、区立森鷗外記念館脇から入る、藪下通りという崖上の細い道がある。建物の隙間からは谷中の谷と

右＝**須藤公園の弁天池**　スリバチ状の窪地の真ん中には弁天池が残る（文京区千駄木3丁目）／左＝**千駄木ふれあいの杜**　崖下の池跡は鬱蒼とした緑に包まれ、日中でも薄暗い（文京区千駄木2丁目）

彼岸の丘が垣間見える。この道こそ、永井荷風も『日和下駄』のなかで「東京中の往来の中で、この道ほど興味あるところはないと思っている」と記した小路なのである。

藪下通りを南へと進むと、崖下へと下りる急な階段があり、窪地には「千駄木ふれあいの杜」として開設されている緑地がある。鬱蒼とした緑に包まれた池では現在、湧水を見ることはできないが、かつては幾筋かの湧水が小さな流れとなって藍染川に注いでいたという。

地元では「屋敷森」とも呼ばれるこの緑地一帯は、江戸時代には太田道灌の子孫である太田摂津守の下屋敷だった場所だ。当時は日本医科大学から世尊院あたりまでを含む広大な敷地で、太田ヶ池と呼ばれた大きな池も屋敷内にあった。大変に風光明媚な場所だったようで、近くには森鷗外や夏目漱石ら文人が住まいを構えた。漱石の『吾輩ハ猫デアル』の吾輩もまた、スリバチ下の屋敷林から迷い出て、苦紗弥先生の家に住み着くのだった。

ちなみに千駄木ふれあいの杜は、所有者の厚意で文京区との間に市民緑地契約が結ばれ、2001年(平成13)より一般公開されている、山手線内で唯一の市民緑地である。

④ 根津神社の窪地

根津神社は、江戸時代にはその名を根津権現社といっていたが、明治の神仏分離に改称したもの。崖下の湧水を境内に引き込むという、寺院あるいは大名庭園の立地特性を示す。それもそのはずで、千駄木村(団子坂上の北側あたりとされている)にあった社地を、甲府宰相徳川綱重が現在の地に移したもので、この一帯はもともと大名屋敷(大名庭園)だったのだ。そして、この綱重邸で六代将軍徳川家宣が誕生する。将軍生誕のこの窪地は、1706年(宝永3)に社殿が造営されたのをきっかけに江戸の名所となり、門前には岡場所が形成され、明治中

崖下の根津神社　崖下の湧水を集めた流れに架かる参道の太鼓橋（文京区根津1丁目）

期まで根津遊郭として存続していた。遊郭は江東の埋め立て地に移転し、「洲崎パラダイス」と呼ばれた。

⑤ 清水町の窪地

谷中を望む上野台地の西には、明暦の大火以降に神田から移転してきた寺院の伽藍が並んでいる。藍染川右岸の斜面が崖状なのに対し、上野台地側の左岸は比較的なだらかな斜面が続く。夕陽に染まる趣ある寺町を巡るのも、谷根千の町歩きの楽しみのひとつである。

さて、池之端4丁目、一乗寺前の小さな窪地を紹介しておきたい。この窪地の谷頭は谷中清水町公園となっていて、窪地へと下りる階段が公園内にある。武蔵野面に属する上野台地では、淀橋台と異なり局地的な谷戸地形は少ないので、この界隈では貴重なスリバチ地形といえる。清水町の名は、この地にあった寛永寺の清水門にちなむが、その名はこの地で清水が湧き出ていたからと、現地の説明板に記載されている。

右＝**清水町の窪地**　清水町公園内から窪地に広がる住宅地へと下りる階段（台東区池之端4丁目）／左＝**上野動物園東園の谷**　上野動物園東園では、谷戸地形を活かした風景がつくられている（台東区上野公園）

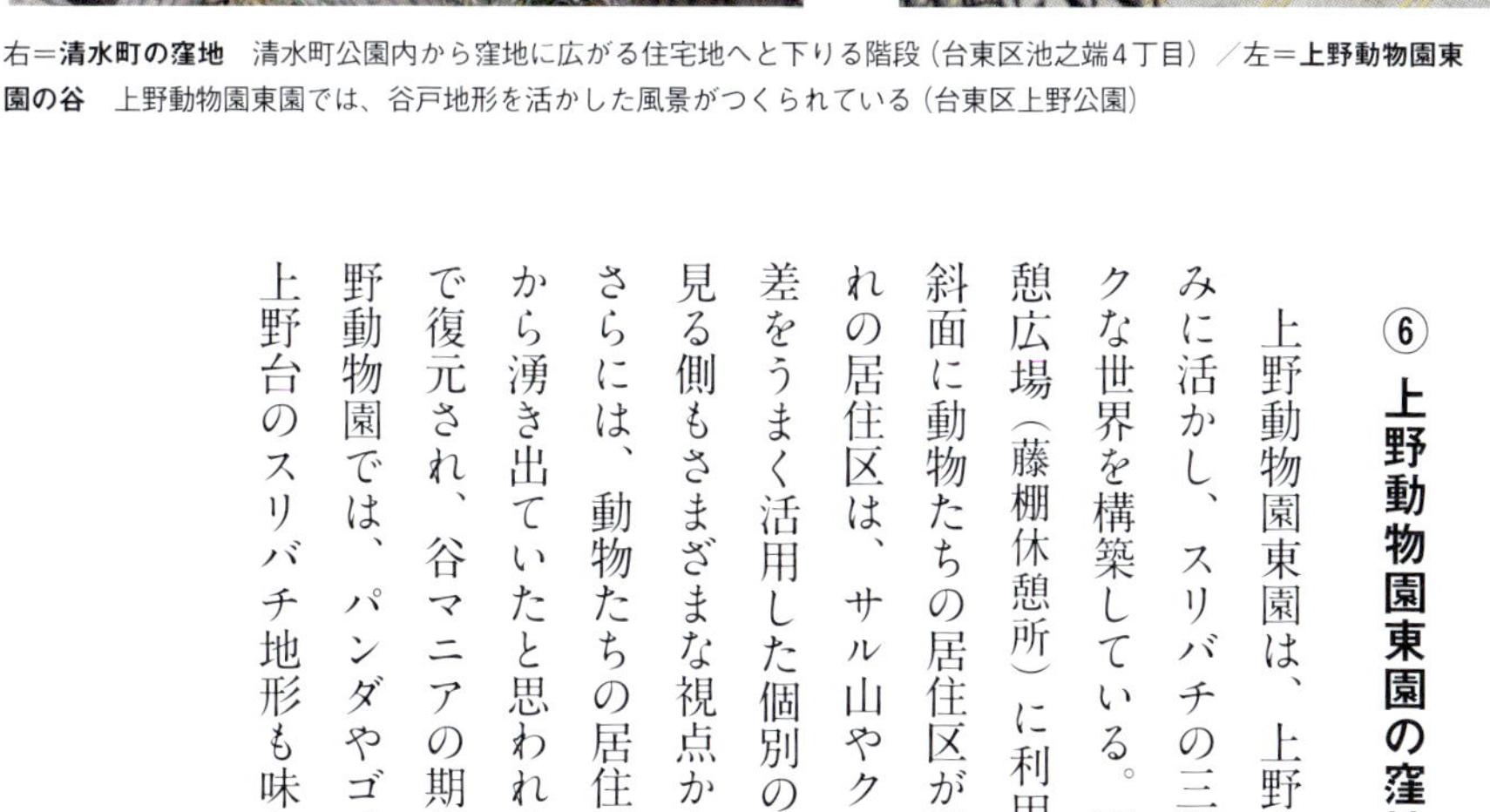

⑥ 上野動物園東園の窪地

上野動物園東園は、上野台地の数少ない窪みを巧みに活かし、スリバチの三類型には属さないユニークな世界を構築している。平らなスリバチの底を休憩広場（藤棚休憩所）に利用し、三方向を囲む谷壁斜面に動物たちの居住区が配置されている。それぞれの居住区は、サル山やクマの丘など、土地の高低差をうまく活用した個別の世界（領域）が創出され、見る側もさまざまな視点から動物たちを観察できる。さらには、動物たちの居住区に限らず、窪地の斜面から湧き出ていたと思われる川の流れも自然な感じで復元され、谷マニアの期待に応えているのだ。上野動物園では、パンダやゴリラを眺めるのもいいが、上野台のスリバチ地形も味わいたい。

微地形で探る谷
根岸・鶯谷・浅草

Negishi, Uguisudani & Asakusa

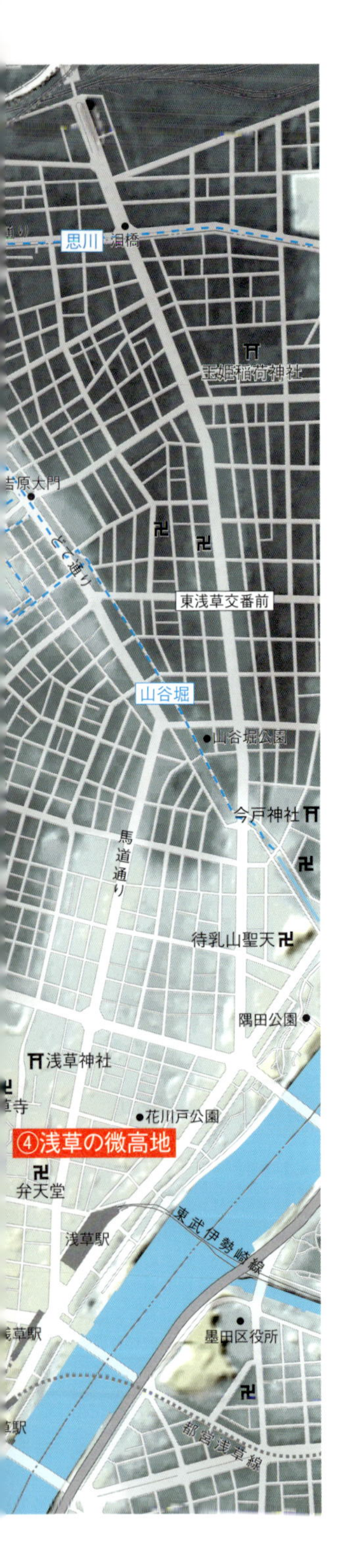

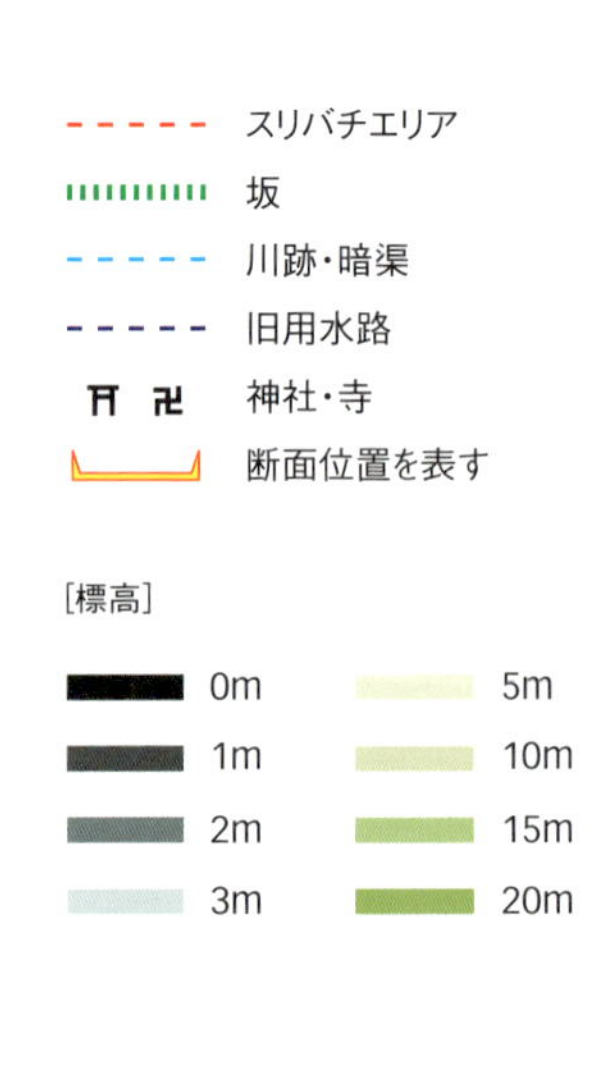

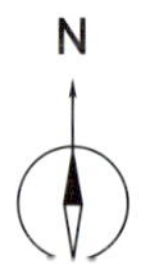

荒川区
台東区
①音無川の微高地
②吉原の
③千東池跡の低地
⑤下町の広小路
JR常磐線
三ノ輪橋跡
浄閑寺
三ノ輪駅
日暮里中央通り
尾竹橋通り
善性寺
将軍橋
御隠殿跡
御行の松不動尊
下根岸稲荷神社
千束稲荷神社
昭和通り
つくばエクスプレス
音無川
三島神社
永稱寺
千手院
金杉通り
朝日辨財天
西徳寺
吉原神
寛永寺坂
JR東北・上越新幹線
元三島神社
小野照崎神社
寛永寺
鶯谷駅
京成本線
入谷駅
新坂
入谷鬼子母神
国際通り
言問通り
西浅草3丁目
上野恩賜公園
曹源寺（かっぱ寺）
かっぱ橋道具街
清洲橋通り
首都高速1号上野線
上野駅
浅草駅
新堀川
台東区役所
東本願寺
稲荷町駅
東京メトロ銀座線
下谷神社
菊屋橋
田原町駅
上野広小路

武蔵野台地の凹凸が東京の個性を育んでいることを紹介してきたが、下町低地に残る微細な起伏に着目しても、江戸・東京の歴史や営みが見え隠れし、興味は尽きない。この章では下町低地の微地形が奏でるエピソードを紹介してゆきたい。

「上野」の地名に対峙するように、台地の麓には「下谷（したや）」の町が広がっている。切り立った上野台地の突端にある諏方神社境内からは、荒川低地の下町を一望できる。平坦と思われる下町低地の起伏を巡る旅は、地名をヒントにこの一帯から始めよう。

上野寛永寺の足元、「根岸」の名は、かつての江戸湾奥の海岸線、沼地の岸から「根岸」と呼ばれるようになったものといわれている。根岸から金杉、三ノ輪にかけては、細長い微高地で、正式には根岸砂州と呼ぶ。これは、沿岸流によって運ばれた砂などが堆積してできた高まりで、かつては上野台地の直下まで海が入り込んでいたことを物語っている。根岸や金杉は洪積台地と沖積低地の中間に位置する特殊な地質を持ち、

右＝**地蔵坂**　諏方神社は台地の端に立地し、地蔵坂下には広大な荒川低地が広がる（荒川区西日暮里3丁目）／左＝**坂道に残る高低差**　微高地の高低差が歩道に残り、金杉通りが尾根にあたることがわかる（台東区下谷1丁目）

下町低地の中でもいち早く陸地化したため、町の歴史も室町時代まで遡ることができる古い土地柄だ。江戸時代には、この微高地を辿って千住大橋へと通じる日光街道が築かれ、道の両側に町屋が並んでにぎわった。砂質からなる自然堤防の微高地は、泥質の沖積地よりも地盤としての支持力がすぐれているため、関東大震災のときも周辺地域より家屋の被害が少なかったという。そして第二次大戦の災禍も免れたため、看板建築と呼ばれる震災復興時の町屋建築が街道沿いに軒を連ねているのも特徴だ。

根岸は江戸時代、江戸の中心部から約1里半（6㎞）の距離にある閑静で風雅な地として、日本橋界隈の大店の寮や別荘、ご隠居さんの住まいがあり、「根岸の里のわびずまい」よろしく、文人墨客、粋人が多く住みついた。そんな里のイメージは時代を経ても色褪せることなく、明治になっても岡倉天心や正岡子規らがこの里に住まいを構えたのだった。

地形を匂わす地名としてもう1つ、鶯谷も取り上げ

右＝**音無川の流路跡**　根岸砂州をゆらゆらと続く音無川の流路跡は区界でもある（荒川区東日暮里4丁目・台東区根岸4丁目）／左＝**根岸の町並み**　金杉通りには古い商家が連なっていたが、近年は建て替えが進んでいる（台東区根岸3丁目・下谷2丁目）

ておこう。JRの駅名にもなっている「鶯谷」の名は、元禄の頃、代々京都から招かれていた寛永寺住職の「江戸の鶯はなまっていて聞き苦しい」という無茶なクレームを発端としている。生態系をも脅かす大量の鶯が京都から運ばれて放たれた結果、上野の山の麓一帯は鶯の名所になったのだという。地形的には上野台地と根岸砂州の間の、谷間といえなくもない低地が鶯谷だ。

① 音無川の微高地（根岸砂州）

根岸砂州を流れていた音無川（石神井用水）は、飛鳥山の北側に石堰（いしせき）（ダム）を設け、石神井川の分流を導いたものだ。下町低地を潤すため、石神井用水とも下郷用水とも呼ばれた。1934年に暗渠化され、その痕跡はほとんど残っていないが、善性寺の山門前に「将軍橋」と名が刻まれた石橋が残されている。根岸砂州の尾根筋をゆらゆら蛇行しながら三ノ輪橋まで流れ、低地に出てからはほぼ南東へと向きを変え、隅田川に注いでいた。浄閑寺（投込寺）前の国道4号（かつての日光街道）が渡る場所には三ノ輪橋の橋跡が残されている。

音無川は下流部では山谷堀（または今戸堀）と呼ばれ、頻発する隅

三ノ輪橋跡　歩道には三ノ輪橋跡の花崗岩（縁石）が残る（荒川区東日暮里1丁目・台東区三ノ輪2丁目）

将軍橋の遺構　善性寺の山門前に音無川に架かっていた橋が保存されている（荒川区東日暮里5丁目）

田川の洪水から浅草を守るために、待乳山を削って南岸のみに日本堤と呼ばれた土手が築かれた。

② 吉原の微高地

現在の住居表示では千束4丁目にある長方形の微高地が吉原遊郭のあった場所で、千束池の湿地帯に土盛りをして築かれた人工の丘である。各地に自然発生的にできた遊里を、治安や風紀上の問題から1618年（元和4）、葭しか生えていなかった湿地（現在の人形町あたり）に集めて公許の遊郭をつくったのが葭原の起源だ。これがのちにめでたい地名として「吉原」と改称された。ところが、ここも風紀が悪くなってきたということで、1657年の明暦の大火で焼けたのを機に、今度は千束の田圃の中へ移転してきた。これが新吉原、現在見られる微高地の場所である。

新吉原があった微高地の北には日本堤の土手が続き、この一帯が湿地だった頃は、この土手が吉原の大門に通じる唯一の道であった。一方、日本堤に沿うように築かれた山谷堀と隅田川を介せば、日本橋と新吉原は水路で結ばれていたわけだ。

山谷堀は1958年（昭和33）に遊郭としての吉原が廃止されたの

山谷堀と紙洗橋　山谷堀の流路跡は山谷堀公園として整備された。紙洗橋の親柱は復元されたもの（台東区東浅草1丁目）

吉原の段差　お歯黒ドブのあった吉原との境界部には段差が今でも残る（台東区千束4丁目・竜泉3丁目）

ち、徐々に埋め立てられ、現在は山谷堀公園となっている。公園には、山谷堀に架かっていた橋の親柱が復元されているが、その1つ「紙洗橋」付近は、ちり紙として使われていた浅草紙がつくられていたことで知られている。その紙すき職人が、紙を山谷堀に浸けて冷やすちょっとの間に吉原を覗いたことから、「ひやかし」という言葉が生まれた。

③ 千束池跡の低地

音無川の微高地と浅草微高地（自然堤防）の間、現在の入谷・竜泉・千束付近一帯の後背湿地には、千束池という大池が広がっていたとされる。天正年間以降に埋め立てられ、かつての池の中央に築かれたのが千束堀川で、吉原の微高地南で山谷堀から分かれ、南へ流れていた。湿地であった低地部の排水路を兼ねていたとされる。下流部は新堀川とも呼ばれ、1933年（昭和8）に埋め立てられ、かっぱ橋道具街通りとなった。かっぱ橋道具街は、明治の末期に古道具を取り扱う店の集まりから発生し、戦後に今のような料理飲食店器具や菓子道具を販売する、世界でも

右＝朝日辯財天　かつての広大な池は、関東大震災の瓦礫処理でそのほとんどが埋め立てられ、わずかに残された弁天池が記憶を伝える（台東区竜泉1丁目）／**左＝伝法院庭園**　小堀遠州築庭の回遊式庭園。近くにあった大池やひょうたん池が埋め立てられてできた町が通称六区（台東区浅草2丁目）

めずらしい専門商店街となった。この界隈は微細な起伏が町中に残り、周囲よりもわずかに窪んだ朝日辯財天の小さな弁天池が、かつての千束池の名残を留めている。

また、浄閑寺で音無川から東へ別れ、現在は明治通りとなっている経路には、かつて思川という細流が隅田川まで続いていた。交差点に名を残す「泪橋（なみだ）」は、漫画『あしたのジョー』の舞台となった場所として知られる。このあたりから南側の低地部が、かつてドヤ街と呼ばれた山谷地区で、今では低料金で宿泊可能な簡易宿泊所を利用するため、外国人観光客も多く訪れる町となっている。

④ 浅草の微高地と待乳山の丘

浅草は、徳川家康や太田道灌が江戸に入った頃にはすでに、大川（隅田川、かつての利根川）河岸の浅草湊として栄えていた歴史ある町だ。武蔵野台地表面を流れる河川とはケタ外れな大河に接するため、水害のリスクの少ない自然堤防に発達した古い集落を起源とする。『浅草寺縁起』では、仏教伝来（538年）から100年足らず、平城京成立

花川戸公園　花川戸公園では、かつてあった姥ヶ池の存在を伝えるために池が復元された（台東区花川戸2丁目）

より古い628年に、大川で観音さまを収得、それを本尊に祀ったのが金龍山浅草寺とある。もし事実であれば、上野の山で寛永寺の造営が始まったのは1622年だから、浅草寺の歴史的古さは江戸の中でも別格だったのだ。

浅草寺の西隣には伝法院があり、境内には現存する心字池の他にも、大池やひょうたん池など複数の池があった。浅草寺と隅田川の間にあった姥ヶ池（うばがいけ）という大池は、周辺の都市化に伴って1891年（明治24）に埋め立てられた。花川戸公園内には、その記憶を伝えるために池が復元されている。

浅草の微高地と連続した北方には、待乳山という小高い丘があり、山の上には待乳山聖天が祀られている。待乳山は元来、真土山と書いたとされ、武蔵野台地と同じ洪積層から成る土地柄ゆえの名だ。

浅草一帯に寺院が多いのは、明暦の大火後、江戸中心部にあった寺院をこの地に集中移転させたことによる。

⑤ 下町の広小路

待乳山の高低差　元来、真土山と書いた土地の高低差は健在（台東区浅草7丁目）

待乳山聖天公園　待乳山は隅田川の自然堤防（微高地）（台東区浅草7丁目）

上野台地の東側に上野広小路（本来は下谷広小路と呼ぶ）という広幅員の通りがある。関東大震災後の震災復興事業で整備されたものだが、起源は江戸時代の火除地に遡る。江戸の下町は、町人や職人の住居が密集していたうえ、そもそも木と紙でできた家だから、たびたび大火に見舞われ、多くの死者を出していた。特に本書でも何度か触れている1657年の明暦の大火では10万人を超える死者を出したといわれ、当時の復興都市改造の一環として、火災の延焼防止の目的で火除地（広小路）が設置された。同じ時期に設けられた火除堤・火除明地も同じ目的である。

広小路は上野の他にも、小川町や外神田、両国、芝赤羽など、被害が甚大だった下町低地に設置された。江戸時代は移動可能な店は許可されたため、屋台や芝居小屋も設けられ、都市の盛り場となった場所も多い。

ちなみに山の手の下町、渋谷東口にあった宮下公園も、もともとは震災復興で整備された延焼防止のための防火帯公園だった。

上野広小路　江戸時代の火除地を引き継いだ上野広小路。遠方に見えるのが上野の丘（台東区上野2丁目・4丁目）

品川宿・大井

浜堤につくられた、いにしえの湊町

Shinagawasyuku & Oi

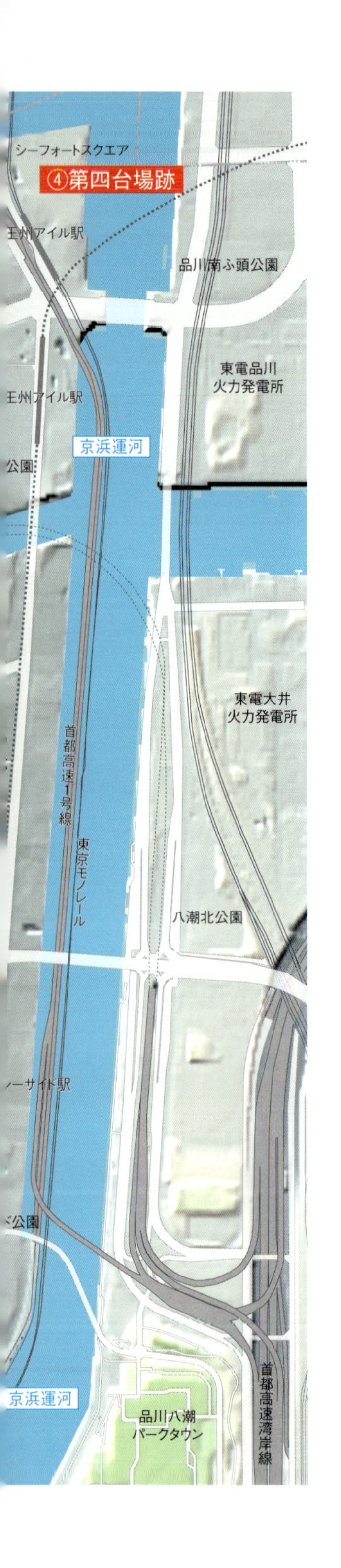

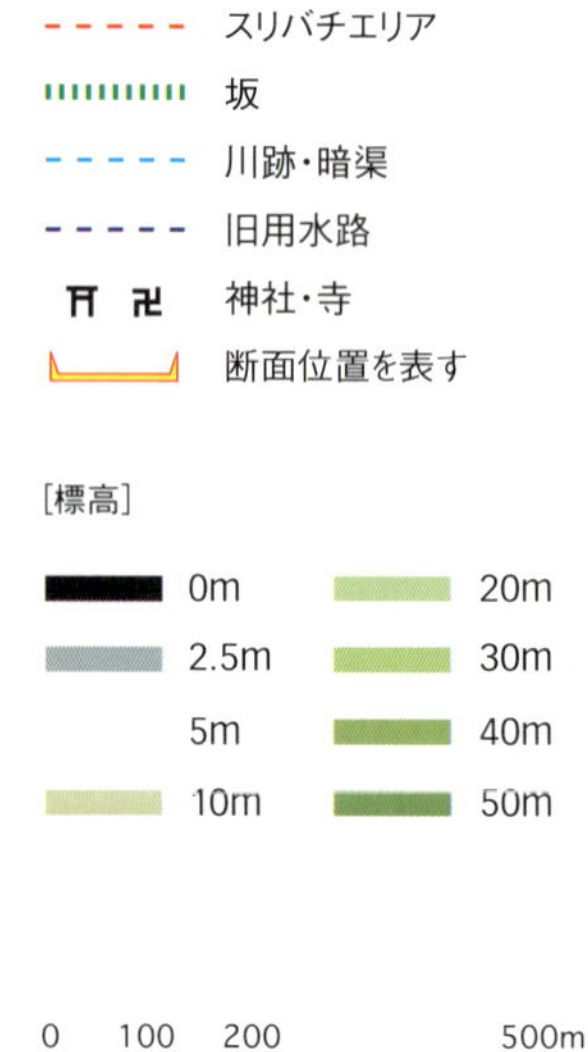

八ツ山橋
港南公園
大崎図書館
④御殿山下砲台跡
北品川駅
御殿山
トラスト
シティ
八ツ山通
台場小学校
旧海岸通り
新東海橋
①旧目黒川の河道
⑤人工スリバチ
ゲートシティ大崎
権現山公園
品川神社
養願寺
聖蹟公園
②砂州の
寄木神社
③品川神社
目黒川
JR山手線
春雨寺
荏原神社
子供の森公園
東海寺
新馬場駅
山手トンネル
大崎ガーデン
シティ
天龍寺
東品川公園
常行寺
妙光寺
元なぎさ通り
稲荷神社
長徳寺
天妙国寺
第一京浜
品川用水
旧東海道
京急本線
諏訪神社
JR東京総合車両センター
JR東海道本線
JR京浜東北線
品川区
ゼームス坂
品川寺
ゆうれい坂
青物横丁駅
海運寺
品川区役所
⑥権現台の開削谷
仙台坂
大井町駅
蔵王権現社
南品川3
きゅりあん
鮫洲公園
大井公園
鮫洲駅
八幡神社
立会川

江戸時代の初めに整備された五街道。起点である日本橋を経ち、最初の宿場町を江戸四宿と呼んだ。甲州街道の内藤新宿、中山道の板橋宿、奥州街道と日光街道の千住宿、そして東海道の品川宿のことだ。四宿は江戸の出入口として、人や物流、情報、文化の集散地であると同時に、岡場所と呼ばれる非公認の遊郭があったことが共通していた。その中でも遊女がもっとも多かったのが品川宿で、「北の吉原、南の品川」と称されるほどの一大遊行地でもあった。海が迫り風光明媚な品川宿は、１６００軒の家屋が並び、７０００人が住む活気あふれる宿場町だった。

現代の東海道（国道15号）が品川宿をバイパスして建設されたため、かつての宿場町の面影が現在も残されているところがすばらしい。道幅は当時のままだし、街道沿いの町屋形式の商家もいくつか残る。特に街道沿いに

問答河岸の高低差　東海道の海側に残る土地の高低差。下った先に問答河岸があった（品川区北品川2丁目）

旧東海道品川宿　宿場町の面影を残す北品川宿の町並み。都心で江戸を感じる貴重な場所（品川区北品川2丁目）

石積護岸　かつての海岸線に築かれた石積護岸が住宅地に残されている（品川区南品川1丁目）

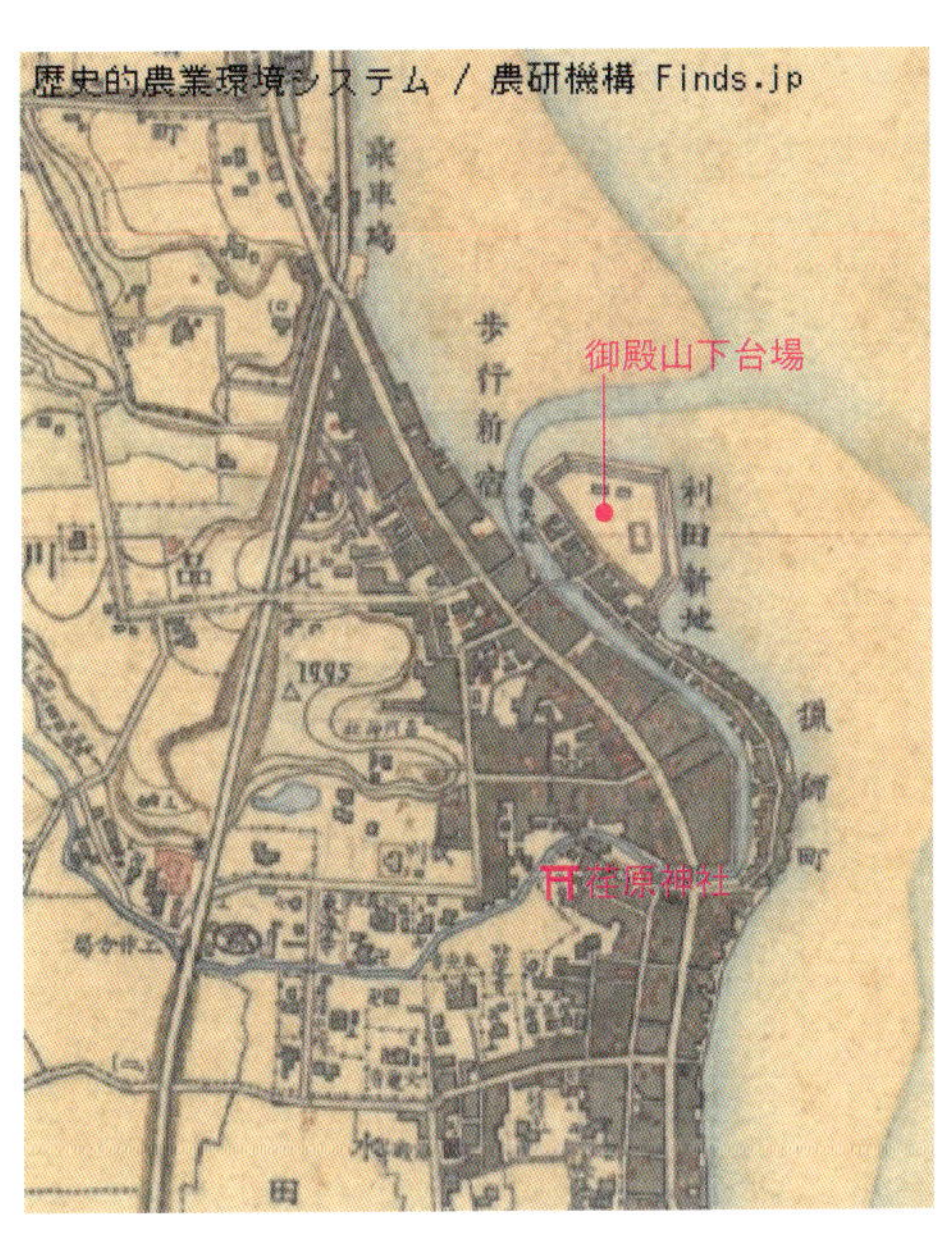

右＝**品川湊の風情**　その風情は健在。後方の超高層ビルは品川インターシティと呼ばれる再開発地（港区港南4丁目）／左＝**明治初期の品川宿の様子**　漁師町の先端に五角形をした御殿山下台場が描かれている（出典：農研機構農業環境研究部門）

並んでいた社寺がそのままなので、往時の雰囲気に浸りながらブラブラ歩きが楽しめる。何よりも微妙な土地の高低差に着目すれば、江戸時代につくられた東海道が海岸線と並行する「浜堤（ひんてい）」と呼ばれる微高地に位置していたことが理解できる。海沿いの土地の中でも比較的安定した地盤特性を持ち、水害のリスクも少ない場所に宿場町が拓かれたことに納得でき、スリバチがなくとも地形まち歩きの醍醐味は十分に味わえよう。

品川宿は1601年（慶長6）に東海道一の宿に指定されるが、中世の頃から品川湊として栄えていた水上交通の要所でもある。奈良時代には武蔵国国府（現在の府中市）の外港に位置づけられていた。品川湊があったのは目黒川の河口部で、品川という地名も目黒川の古名というのが一説だ。

その目黒川を境に宿場町は区分され、目黒川より北が北品川宿、南が南品川宿。北品川宿にあったのが「歩行（かち）新宿（しんしゅく）」。歩行新宿とは、品川宿北側にあった茶屋町が1722年（享保7）に宿場として認められたもので、宿場が本来負担する伝馬（てんま）と歩行人足のうち、歩行人足だけを負担した新しい宿場であった。ちなみに京急本線の北品川駅は、北品川宿に立地するためにつけられた駅名で、ＪＲの品川駅よりも南に位置している。

目黒川の河口で海に突き出た砂州の先端には弁天社（のちの利田（かがた）神社）が祀られ、その左側に五陵形をした御殿山下台場（砲台）があった。その様子は１８８６年（明治19）の「迅速図」から知ることができる。

そして品川宿を望む武蔵野台地の東端・高輪台の突端は、御殿山と呼ばれていた。江戸時代に将軍家の別邸・品川御殿があったことにちなみ、室町時代には太田道灌の館があったとも伝わる。台地の突端を背に、広大な境内を誇っていたのが名刹・東海寺。三代将軍家光が名僧沢庵（たくあん）のために、１６３８年（寛永15）に建てた寺院だ。ここでは、増上寺と同じような立地と地形的特色を持つことにも注目しておきたい。徳川将軍家が同じような立地特性を持つ場所に大寺院を建立した理由を、防衛拠点としての位置づけがあったのでは？　と想像したくなるからだ。

海沿いに立地した品川宿にスリバチ地形はないのだが、微妙な

元なぎさ通り　目黒川の流路は元なぎさ通りに整備されている。河口には船溜まりも残る（品川区南品川1丁目・東大井4丁目）

荏原神社参道　荏原神社の参道が不自然なのは目黒川の流路が変更されたためで、かつての参道は東海道からのアプローチだった（品川区北品川2丁目）

土地の高低差に気をつけながら宿場町情緒を楽しんでみよう。

① 旧目黒川の河道

明治の迅速図には流路変更前の目黒川の様子が描かれている。かつての目黒川は河口手前で大きく蛇行し、運んできた砂や泥が沿岸流で押し戻されて形成された砂州が長く南北に延びていた。この砂州が防波堤となった天然の良港が品川湊であった。目黒川は1928年（昭和3）の河川改修によって、現在見る直線状の流路に変更された。荏原神社の裏には、かつての蛇行跡が土地の高低差として残り、河口付近の流路跡は「元なぎさ通り」となっている。

寄木神社　漁師町の鎮守。拝殿には伊豆の長八作の鏝絵が残る（品川区東品川1丁目）

利田神社　砂州の先端部に祀られた利田神社。参道の両側がかつての猟師町（品川区東品川1丁目）

品川富士　台地の突端に祀られた品川神社と品川富士。富士塚は富士山を崇拝する富士講という団体の人々が、富士山を遥拝する場所として築いた人造の山（品川区北品川2丁目）

荏原神社は南品川宿の鎮守なのだが、河川改修によって、目黒川の流路が社殿前へと変更されてしまった。その結果、荏原神社の現在の所在地は北品川。これは南北に分かれて競い合っていた2つの品川宿にとっては一大事であった。

② 砂州の漁師町

目黒川が形成した南北に細長い砂州の上には、1655年（明暦元）に拓かれた漁師町があった。漁業を生業とし、幕府に対して魚介類を納めていた。現在でも町割りが継承され、鎮守の「寄木（よりき）神社」が住宅地の中で異彩を放つ。日本武尊（やまとたけるのみこと）を乗せた船の一部が品川沖に流れ着き、漁師がこれを拾って祀ったのが社の始まりだという。

海に突き出た砂州の先端部に祀られているのが利田神社で、弁財天が起源。南品川宿の名主・利田氏によって新地開発されたため、氏の名を取って明治時代に改名された。境内には1798年（寛政10）に建てられた鯨塚がある。

③ 台地の突端・品川神社

第四台場跡　モノレールの車窓から見える第四台場の石垣（品川区東品川2丁目）

レプリカの品川灯台　石垣の上の灯台は、第二台場につくられた品川灯台のレプリカ。本物は明治村に移設（品川区東品川1丁目）

南品川宿の鎮守が荏原神社だったのに対して、北品川宿の鎮守が品川神社。東海道からの参道は現在も商店街として健在で、看板建築などが軒を連ねている。参道を進むと正面に品川神社境内に築かれた富士塚（品川富士）が見えてくる。品川神社の立地は高輪台地の突端にあたり、台地の高低差と築山の相乗効果で富士塚の雄姿はなかなかインパクトがある。1869年（明治2）築造で、常時上ることができる山頂からは絶景が広がる。かつては品川宿の町並みや海が一望できたであろう。品川神社の歴史は古く、1187年（文治3）に源頼朝が安房国洲崎大明神を勧請したものと伝わり、東海寺の鬼門にあたることから江戸幕府の庇護も受けていた。

④御殿山下砲台跡

1886年（明治19）に作成された「迅速図」では、漁師町のあった砂州の先端に五角形をした御台場が描かれている。これは江戸防衛のために築かれた御台場の1つで、唯一陸続きの砲台で御殿山下砲台と呼ばれた。五稜形の砲台周囲は埋め立てられたが、その輪郭が道路として残されているところが面白い。戦前までは台場跡に気象台があったが、現在は区立台場小学校の敷地となっている。

冒頭の凹凸地形図の範囲には第四台場跡も残る。天王洲アイル駅のある再開発地が第四台場の輪郭をなぞって造成された埋め立て地で、護岸に当時の石垣が利

右＝**御殿山庭園**　御殿山トラストシティの御殿山庭園は、土取場跡を活用してつくられたもの（品川区北品川4丁目）／左＝**御台場土取場**　遠くに見える森が品川神社。その手前の住宅地（窪地）がかつての土取場（品川区北品川3丁目）

用されている。再開発地は「シーフォート・スクエア」と称されるが、訳せば「海の砦の広場」となる。

⑤台地に刻まれたスリバチ群

微妙な土地の高低差や江戸の痕跡だけでも満喫できるが、せっかくなのでこのエリアのスリバチ地形も紹介したい。ここで紹介するスリバチはひと味違った人工のスリバチ、その特異な歴史を振り返りながら、地形散歩を続けよう。

それは江戸時代末期にあたる1853年（嘉永6）から始まった御台場築造のための土取場だったスリバチ。凹凸地形図でも御殿山と呼ばれた高輪台地の南端部がとても複雑な地形を呈していることがわかる。土取場の1つが、現在の御殿山トラストシティ敷地内の御殿山庭園になっている場所だ。スリバチ状の斜面地は、緑豊かな日本庭園に設えられている。

そしてもう1つが品川神社裏の窪地で、以前は東海寺の境内だった土地でもある。品川神社が建立された土地だけが土取りを免れ、あたかも独立した山のように見える。ち

権現台の開削谷　崖で囲まれた整形な谷底はJR東日本総合車両センターになっている（品川区広町2丁目）

なみに東海寺は、もともと約16万㎡もの広大な寺域を有す名刹だった。幕末の土取場としてだけでなく、明治時代に道路や鉄道が境内を貫通・分断したことで、地形も手荒く改変されてしまった。

⑥ 権現台の開削谷

そしてもう1つの人工スリバチは、東京の近代化の中で生まれたものだ。

目黒台地の東端は蔵王権現社（ざおうごんげんしゃ）が祀られていたため権現台と呼ばれていたが、車両基地（現JR東日本総合車両センター）建設の際に大規模に台地が開削・整地され、巨大なスリバチ地形となった。品川区役所の庁舎はその境界部分に立っている。川や暗渠は存在しないが、なかなかのスケールを持つ、崖で囲まれた整形スリバチである。江戸時代に権現台は南品川宿の入会地（いりあいち）で、蔵王権現社は現在、大井町駅西にある立会道路（立会川の川跡）沿いに移設されている。

スリバチの本場

谷の真打ち 下末吉

Shimosueyoshi

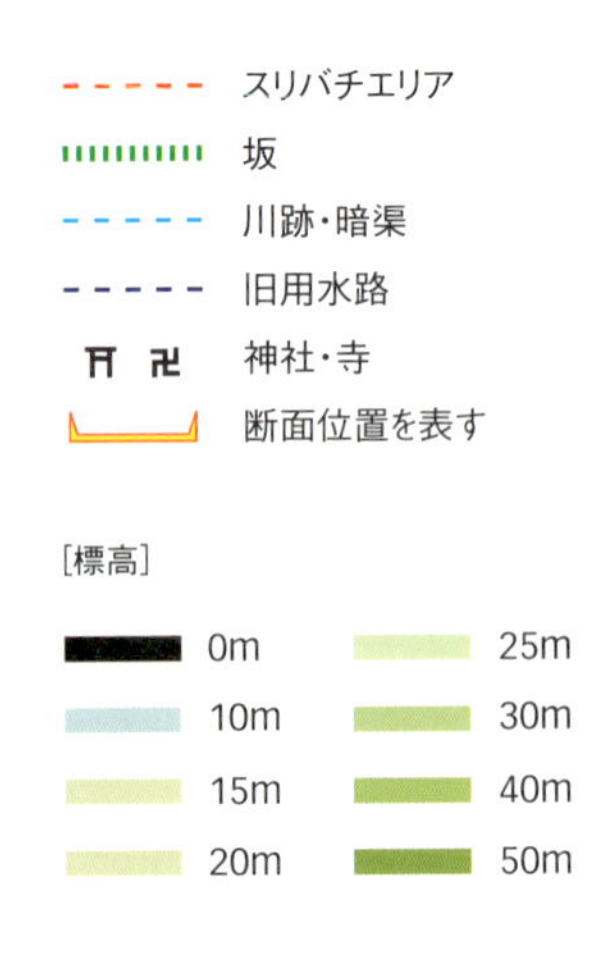

⑦三ツ池公園の谷
水道局
末吉配水所
水神
三ツ池公園
⑧東斜面のスリ
二ツ池
愛宕
下末吉
獅子ヶ谷
妙光寺
別所交番前
④鐙窪の谷
鶴見区
旭小学校入口
渋沢稲荷
⑥渋沢稲荷下の谷
B
鶴見獅子ヶ谷通り
響橋
熊野神社
馬場神明社
鶴見配水池
馬場3丁目
馬場花木園
水道道
①總持寺裏の谷
寺尾城址
馬場稲荷
第二京浜
共同墓
の窪地
⑤入江川の谷
入江川
入江川せせらぎ緑道
向谷交番前
白幡神社
③岸谷公園の谷
東寺尾配水池
岸谷公園

圧倒的な谷の密度である。

さすが、「典型的な地形が見られる模式地」とみなされ、学術用語「下末吉面」の元となった場所だけのことはある。お待ちかね、スリバチの真打ち・下末吉（神奈川県横浜市鶴見区）の登場だ。

それにしても美しい凹凸地形図である。注目すべきは台地面がほとんど平坦であること、そして谷がスリバチ状なことだ。台地が平坦なのは、地表面を覆っているローム層の基底に平らな洪積世の海底堆積層（下末吉層・東京では東京層と呼ぶ）があるためで、この地層は古多摩川が削り残した古代の丘である。そして、その上部に厚く堆積する関東ローム層（火山灰が堆積した層）は水分を含むと崩落しやすくなるため、崖状の崩落面を形成する。そして谷底には、川の運んだ堆積物が平らな沖積層を形成する。斜面が崖状で、谷がスリバチ状なのはそのためである。

簡単におさらいすると、武蔵野台地は離水時期によって、形成年代が古い面から、下末吉面・武蔵野面・立川面と地形史で区分されている。下末吉面の谷は形成が古い分、谷が深く、分岐する谷も多いのが特徴とされている。東京では淀橋台と荏原台がこの下末吉面に属しており、「スリバチ状」と形容するにふさわしい谷を多く観察できるのがこの2つの台地であることは、これまで紹介してきたとおりである。

さて、地形の説明はこのくらいにして、楽しみいっぱいのフィールドへ出かけてみよう。百聞は一見に如かず。「書を捨て谷へ出よう」である。

①総持寺裏の谷・射撃場の窪地

鶴見獅子ヶ谷通りを鶴見駅から西へと向かうと、切通しによって台地を越え、緩い谷筋を渡る。この一帯は住居表示上で寺谷と呼ばれる。谷は上流部で複数の支谷に分かれ、それぞれ興味深い二級スリバチ景観を呈す。その特徴とは、マンションや学校、団地など、比較的大規模な建築が谷を埋めていることだ。さらに台地面は戸建て住宅の多い、対照的な土地利用で、都心における地形と建物の関係とは逆をなしているともいえる。

　獅子ヶ谷通りの下流側には、かつて「寺谷の大池」と呼ばれた水田灌漑用の池があった。その多くは昭和初めの宅地造成の際に埋められたが、かつての記憶を留めるように小さな弁天池がポツンと住宅地の中に残されている。池の中島には弁財天が祀られ、池畔の高台では熊野神社の杜がこの谷地を見守っているかのようだ。

　この他の支谷も個性が際立つ。總持寺（そうじじ）大祖堂の裏手にＲＣ造の中層団地が連なる小さな窪地があるが、この谷はかつて鶴見猟友会の射撃場だった窪地で、昭和の初期まで射撃の大会が数多く行われていた。

　その南には四方向を閉じられた完全なる窪地があり、共同墓地（一級スリボチ）として活用されている。このあたりの支谷では、かつての流路跡はほとんど確認することができない。

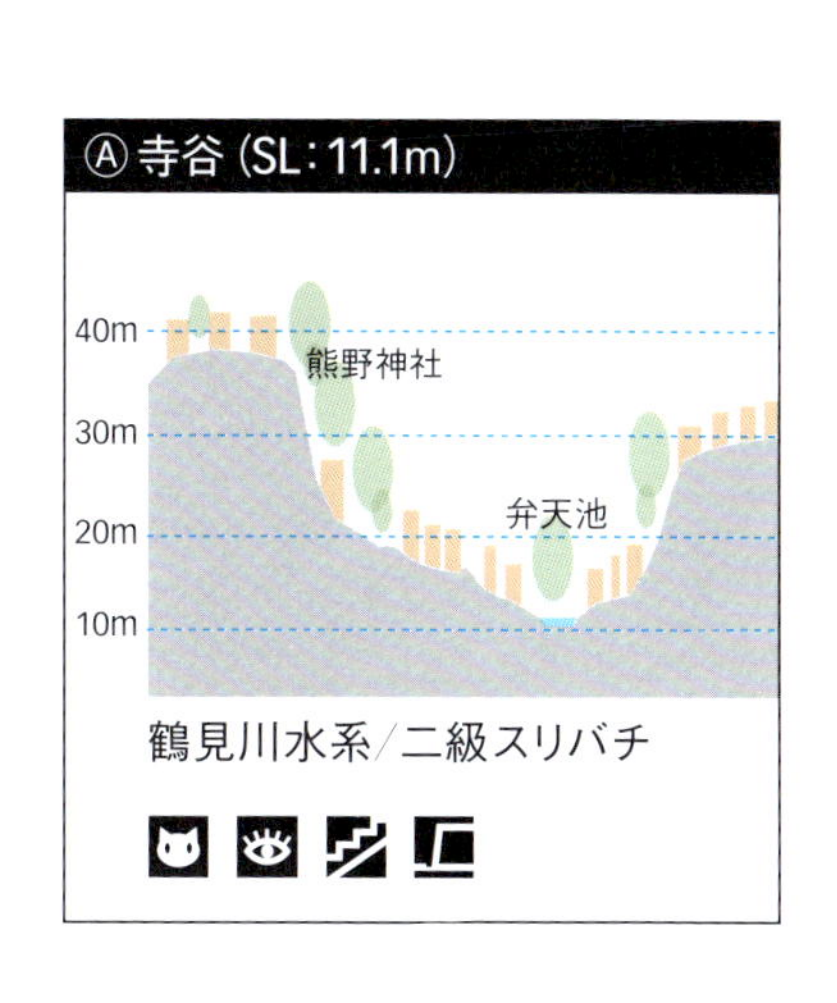

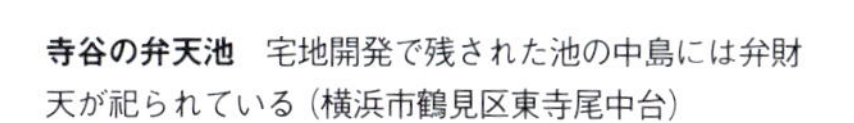
寺谷の弁天池　宅地開発で残された池の中島には弁財天が祀られている（横浜市鶴見区東寺尾中台）

② 總持寺と天王院の窪地

8万坪にも及ぶ広大な寺域を誇る曹洞宗の大本山・總持寺は、鶴見が丘と呼ばれる台地をえぐりとったような谷地に建立されている。三門をくぐり、谷戸の参道を上ると姿を現す堂々とした仏殿には、まさに圧倒されるものがある。

また、總持寺の北には天王院という窪地にすっぽりと納まった平安時代創建の寺院もある。境内には井戸が残され、谷頭まで墓地が埋め尽くす様は周囲の丘から見ても圧巻だ。

③ 岸谷公園の谷

花月園競輪場があった台地の西には、岸谷と町名のつく大きな谷戸が横たわる。谷の出口（谷口と呼ぶ）にあたる岸谷公園市営プールのある場所には、七曲旧池と呼ばれた溜池が、またその下流側には泉池という別の溜池もあったとされ、いずれも灌漑目的の溜池だったと思われる。岸谷公園自体が周囲を丘で囲まれたスリバチ地形の底にあり、公園の広場から谷頭方向を見渡すと、丘の斜面に階段状に連なる住宅群が公園を見下ろす様子がわかる。それはあたか

總持寺裏の谷　狭い谷を高台から眺める。対岸の堂宇は總持寺（横浜市鶴見区東寺尾中台）

共同墓地の谷　共同墓地に利用されている總持寺裏の小さな谷戸（横浜市鶴見区東寺尾中台）

も劇場のステージから観客席を仰ぎ見るような光景だ。反対に丘の上に上れば、谷越しに遠く横浜の港まで見渡せる圧倒的な絶景が広がる。

④ 鐙窪の谷・別所池の谷

国道1号（第二京浜）は急峻な下末吉の台地を越えるため、谷筋のルートを辿ることで、道路勾配の緩和に地形を活用している。その下末吉の台地の麓、谷の出口にあたる場所には、別所池という灌漑用の池があった。さらにその上流部には鐙池と呼ばれた池もあり、この周辺一帯を「鐙窪（あぶみくぼ）」と呼んで

總持寺の池　スリバチ状の境内には池が設えられている（横浜市鶴見区鶴見2丁目）

スリバチの底にある岸谷公園　谷の出口にあたる岸谷公園より谷頭方向を見る（横浜市鶴見区岸谷3丁目）

岸谷の眺め　谷頭付近の高台から岸谷の谷を一望する（横浜市鶴見区岸谷3丁目）

右＝**鐙窪を望む**　下末吉面を上り下りする長い坂道が続く。坂下にあった鐙池の痕跡は見当たらない（横浜市鶴見区下末吉6丁目）／左＝**入江川せせらぎ緑道**　入江川は暗渠化され、人工のせせらぎが再現されている（横浜市鶴見区東寺尾1丁目）

いた。住居表示上はこの谷筋より北が下末吉ではあるが、南側の諏訪山と呼ばれる台地においても、下末吉面の典型的地形を観察することができる。

⑤ 入江川の谷

かつては豊富な湧水が谷戸から流れ込んでいた入江川も、東京の河川と同じく、周辺地域の都市化による水質悪化のために現在は流域の多くが暗渠化されている。その上流部、入江川せせらぎ緑道と呼ばれる遊歩道では、神奈川水再生センターで処理した水によって小さなせせらぎが再現されている。

谷から丘を見上げると、旧寺尾村の総鎮守・白幡神社の鬱蒼とした木々が望める。源氏の軍旗である白旗にちなんだ名が示すとおり、源頼朝を祀った神社である。入江川本流を挟んで対岸の丘が寺尾城址だが、山頂付近には小さな碑が残るのみで、あたりは閑静な住宅地に変わり、かつての城址の面影はない。ただ、西向き斜面の一角に、城主が成就祈願した馬場稲荷を見出せるのが唯一の痕跡といえよう。この付近の住居表示である「馬場」はこの稲荷に由来するもので、崖下

馬場花木園　スリバチ状の谷間を活かした馬場花木園。池は谷戸の湧水を利用したもの（横浜市鶴見区馬場２丁目）

入江川上流部の谷　東京のスリバチと比べても高低差が激しいことがよくわかる（横浜市鶴見区馬場４丁目）

渋沢稲荷下の谷を望む　うねるような凹凸地形を住宅が満たす（横浜市鶴見区北寺尾４丁目）

馬場稲荷の谷　馬場稲荷の先に横たわる窪地は馬場谷と呼ばれた（横浜市鶴見区馬場３丁目）

のバス停に「馬場谷」の名を残す。

この谷筋の北側には舌状の台地が張り出しているが、その痩せ尾根を越えると馬場花木園という谷頭地形を活かした和風の公園がある。園内にある池は谷戸の源流部の湧水を溜めたもので、流れ出た水は入江川に注いでいた。

⑥渋沢稲荷下の谷

入江川とその支流がつくった河谷群を見下ろす比高20m越えの丘の上には、鶴見配水池ポンプ場の施設があり、ドーム形状の配水塔はこのあたりのランドマークともなっている。もう1つ、台地の象徴的な存在は馬場神明社の祀られた杜で、大木の茂る杜は遠くからも丘のよき目印となっている。

神明社の丘より北方に、支谷を伴う広大な谷地が広がり、あたり一帯はかつて渋沢村と呼ばれていた。赤土（関東ローム層）の流れ出る沢が多くあったと連想できる。崖の中腹には村の鎮守だった渋沢稲荷が祀られ、静かに谷を見下ろしている。この付近の谷底では川跡が数カ所で確認できるが、柵によって立ち入り禁止の処置がとられているのが残念だ。

川の下流部は「獅子ヶ谷」の町名で呼ばれ、河谷が沖積地と出会う接点に、二ツ池と呼ばれる溜池が残されている。その名のとおり、池は中央を土手で2つに区切られ、生態系観察のためにそれぞれ湿地と池とに使い分けられている。

⑦ 三ツ池公園の谷

鶴見川沖積地には豊かな水田地帯が広がっていた。しかしこの流域では満潮のときに海水が逆流するため、鶴見川の水は用水としては利用できなかった。代わりに谷戸を灌漑用の溜池に活用することで、水田を維持していたのだ。その名残の代表例が先の二ツ池とこの三ツ池公園だ。三ツ池公園には、分岐する支谷を利用した「水の広場」や

獅子ヶ谷のビュー　二ツ池へと続く細長い谷を谷頭付近から展望する（横浜市鶴見区北寺尾4丁目）

「里の広場」など、テーマ別の広場が設けられており、ここだけで公園系スリバチのバリエーションを楽しめる。

これら谷戸の池は、灌漑用の役目に加え、大雨が降った際の一時的な貯水池（遊水池）としても期待されていた。多くの谷から水が流れ込む鶴見川の下流域では、多摩川の運んだ小石や砂が河道を塞ぐように低地に砂堆を形成しているため、洪水被害を受けやすい地形だった

上＝**二ツ池からの眺め**　二ツ池から谷頭方向を眺める（横浜市鶴見区獅子ヶ谷1丁目）／下＝**三ツ池公園**　三ツ池公園の谷頭の1つ、上の池（横浜市鶴見区三ツ池公園）

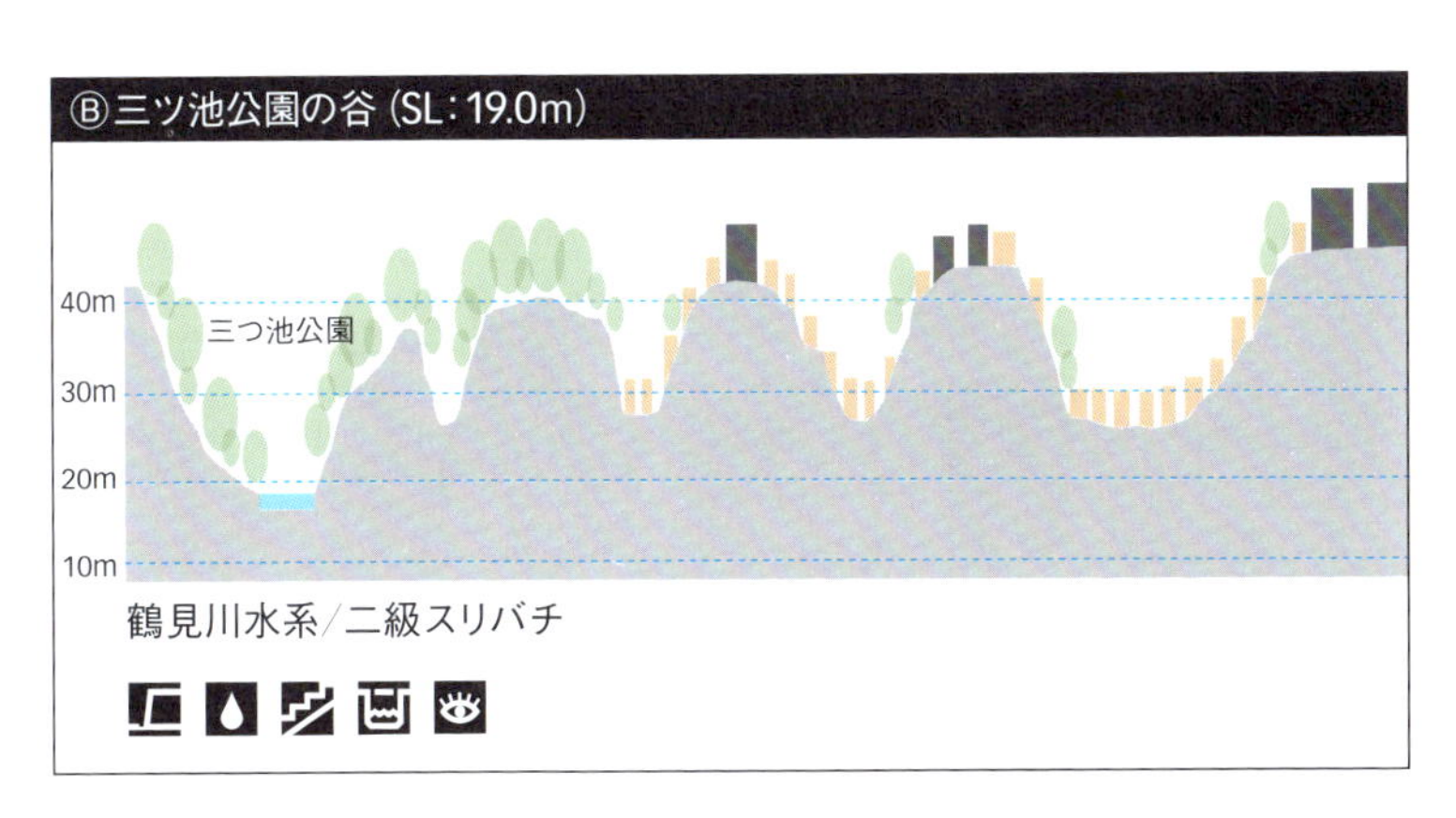

のだ。現在は日産スタジアム周辺に広大な鶴見川多目的遊水地がつくられて出水に備えているが、かつては谷戸の沼沢地や湿地・水田が、それぞれは小規模ながらも連携して、沖積低地を洪水から守っていた。

これは東京都内でも多く見てきた図式といえよう。繰り返しになるが、武蔵野台地に点在するスリバチ状の谷戸の多くが、水田として利用されてきた。水田は土地を涵養（かんよう）し、大雨の際の一時的な遊水池としても機能する。小規模ながら分散型貯水池が、洪水被害を軽減させていたわけだ。東京や横浜の谷戸と沖積地は都市化に伴い、水田が宅地に変わり、地表はアスファルトやコンクリートで覆われていった。貯留・涵養のできなくなった谷地では流れ込む雨水があふれ、しばしば住宅地を襲う被害を招いた。その対策として河川の流量アップを図る河川の垂直護岸工事や地下の巨大貯水施設が多大な投資によって建設され、自然の機能を代替している。

⑧東斜面のスリバチ群

鶴見川を東に望む下末吉の台地の端は、急な傾斜の海食崖（波食崖）で、海岸平野と接している。崖線には複数の窪地が刻み込まれ、地形の特異点の存在を示すように、末吉神社、愛宕神社、末吉不動尊、宝泉寺、熊野神社などが台地の突端あるいは谷頭に建立されている。末吉不動尊の不動の滝など数カ所では、下末吉ローム層と下位東京層との境から地下水の湧出も見られる。

地形を楽しむまち歩きで思うことだが、社寺の木陰は絶好の休憩スポットとなる。坂の上り下りは確かに大変なのだが、唐突に出会う湧水はスリバチ歩きのオアシスでもある。また、半島状の台地突端は神社として開放されていることも多く、足元に広がる広大な風景を目の前にしたとき、その開放感で疲れも吹き飛ぶ。そんな休憩スポットにも成りうる聖域がいにしえから引き継がれていることに感謝したい。

右＝**東斜面の階段道**　台地を一気に上る一直線の階段は圧巻だ（横浜市鶴見区上末吉）／左＝**末吉不動尊の滝**　崖線から湧き出る水を使った不動の滝（横浜市鶴見区上末吉）

愛宕神社からの眺め　愛宕神社は台地の突端にあり、境内からは広大な鶴見川低地を望める（鶴見区下末吉5丁目）

横浜 港の見える谷

Yokohama

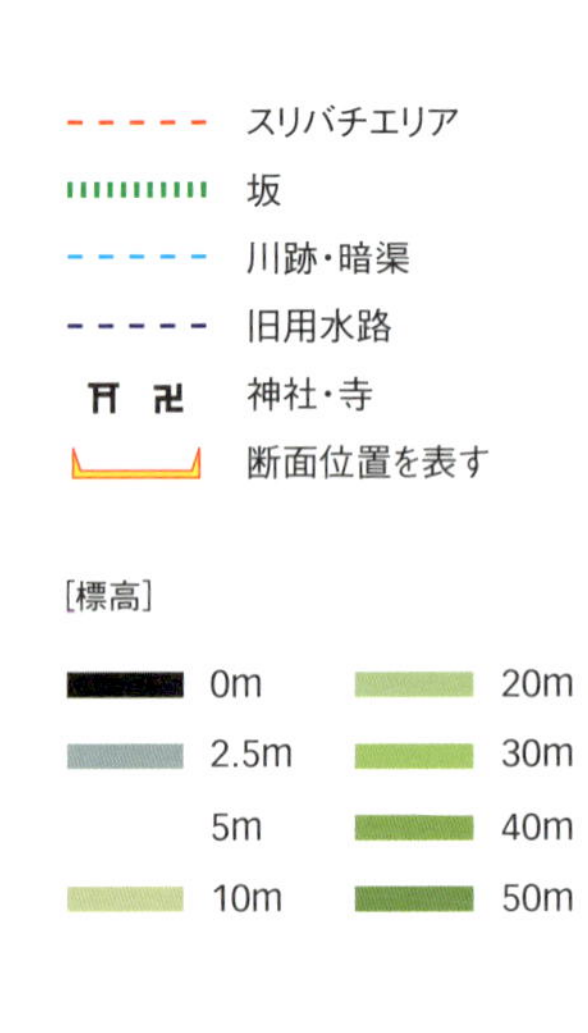

紅葉坂
桜木町駅
桜木町駅
みなとみらい大通り
万国橋通り
赤レンガ倉庫
横浜港
馬車道駅
本町通り
横浜税関前
神奈川県庁
日本大通り駅
野毛坂
平戸桜木道路
都橋
首都高速神奈川1号横羽線
馬車道
関内大通り
小松川
大岡川
関内駅
日本大通り
みなとみらい
日ノ出町駅
京急本線
関内駅
横浜公園
中華
JR根岸線
横浜中華街
長者町5丁目
①釣鐘状の谷
派大岡川
伊勢佐木長者町駅
新吉田川
西の橋
日ノ出川
市営地下鉄ブルーライン
石川町駅
④大丸谷
阪東橋駅
横浜橋通商店街
富士見川
中村川
A
車橋
諏訪神社
山手イタリア山庭園
首都高速神奈川3号狩場線
地蔵坂
打越の霊泉
横浜駅根岸道路
牛坂
蓮光寺
③地蔵坂の谷
浄光寺
横浜共立学園
遊行坂
中村八幡宮
狸坂
柏葉通り
南区
八幡町通り
柏葉橋
②八幡町の谷
山羊坂
柏葉入口
蓮池坂
中丸
蛇坂
大坂
猿田川
山谷
江吾田川
米軍根岸住宅跡
根岸共同墓地
山手駅

東京・山の手で見られる、平坦な丘と急峻な崖が織りなす独特の凹凸地形は、多摩川を越えて鶴見（下末吉）でも見られたし、横浜に至っても同様の地形が多く観察できる。否、正しくいえば、横浜こそスリバチの宝庫なのである。

平坦な台地と崖線から成る風景は、異国から招かれた地質学者の目には特別なものとして映ったのであろう。その地質学者の名はブラウンス。彼は、ナウマン象に名を残す東京帝国大学の初代地質学教授ナウマンの後任として、1880年（明治13）にドイツから招かれた。開通後間もない鉄道に乗った彼は、横浜から東京へ向かう車窓から、線路からつかず離れず連続する沿岸の峭壁（しょうへき）（切り立った険しい崖のこと）を注視し続けた。彼が注目したのは、台地面と下町低地を隔てる段丘崖（海食崖）が、場所を隔てても連続しているということであった。

東京スリバチ学会は、その活動を東京都心部からスタートさせたが、地形探索的には「東京」にこだわる必要もなく、武蔵野台地の西方に広がるフロンティアに目を向けたのは自然な成り行きであった。そして段丘好きな面々は、下末吉や横浜の山手台地が、火山灰の供給源であった富士や箱根の火山群に近い分、ローム層が厚く堆積し、比高が大きいことに気づいてしまったのだ。さらば行こう、西へ。ということで、横浜中心街（沖積地）の微地形と、山手台地の驚くべき凹凸地形を巡ってみよう。

① 釣鐘状の谷

横浜の市街地は、山手台地と野毛台地に挟まれた、釣鐘形状にも似た沖積低地に立地している。低地自体が三方を丘で囲まれた広大な二級スリバチといえなくもない。沖積地はもともと入江だった場所で、江戸時代から明治初期にかけて、海水を抜いて新田開発され（吉田新田・横浜新田など）、やがては人の住む市街地へと変貌してゆく。

かつては、その入江を塞ぐように、山手台地の麓から細長い砂嘴（さし）と呼ばれる砂礫の微高地が浜に横たわっていた。その様子は開港直前の横浜を描いた「横濱村外六ケ村之図」でよくわかる。その地形的特徴から「横浜」の名がつけられたのだ。この砂嘴上には半農半漁の寒村・横浜村があったが、1859年（安政6）に開港場となった際、ここに外国人居留地が設置されることとなり、横浜村の住民は元村（のちの元町）に

横浜中華街　観光客でにぎわう横浜中華街の関帝廟通り（横浜市中区山下町）

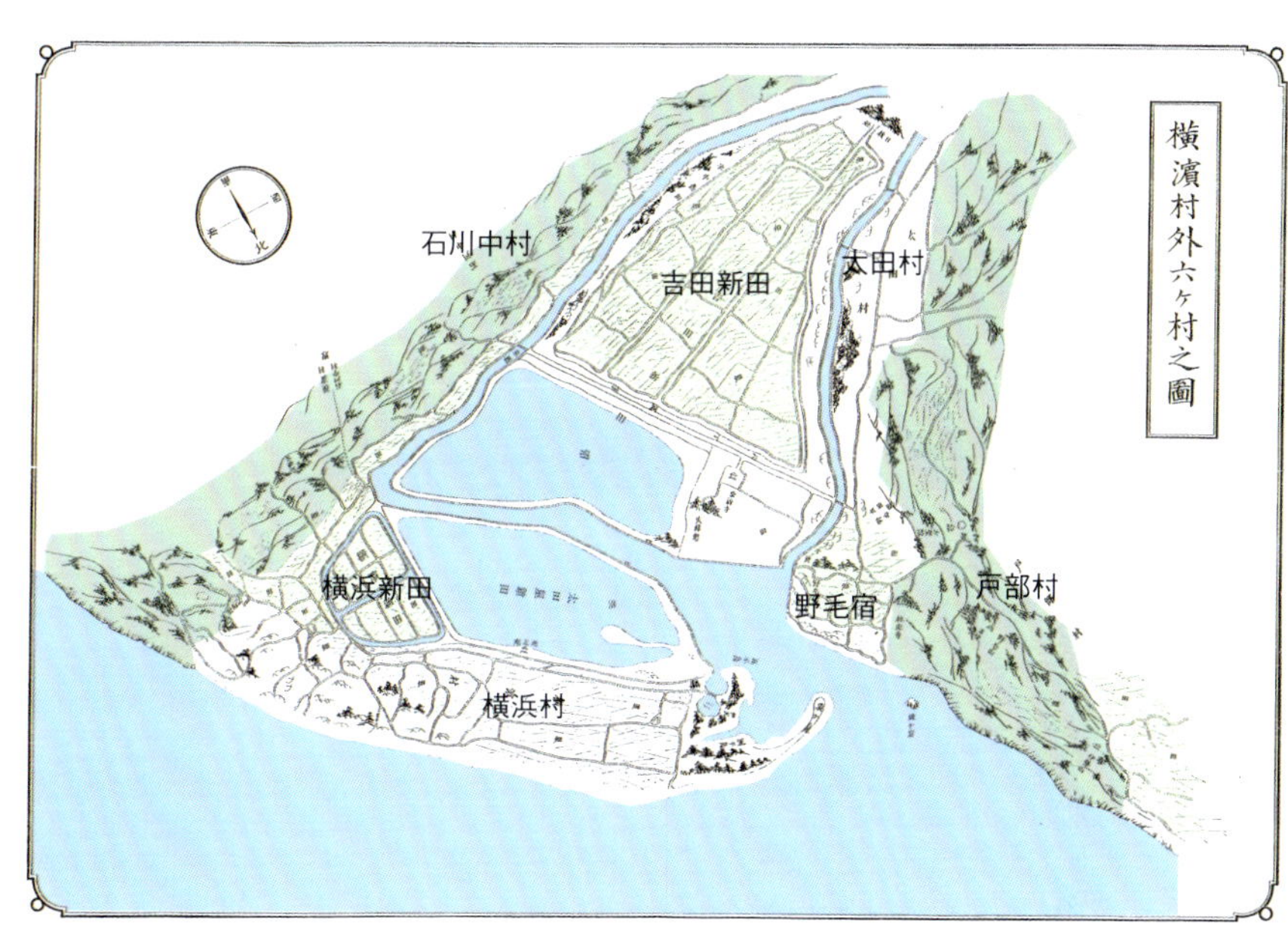

太田久好著『横浜沿革誌』（1892年刊）の挿図「横濱村外六ケ村之図」を着色加工

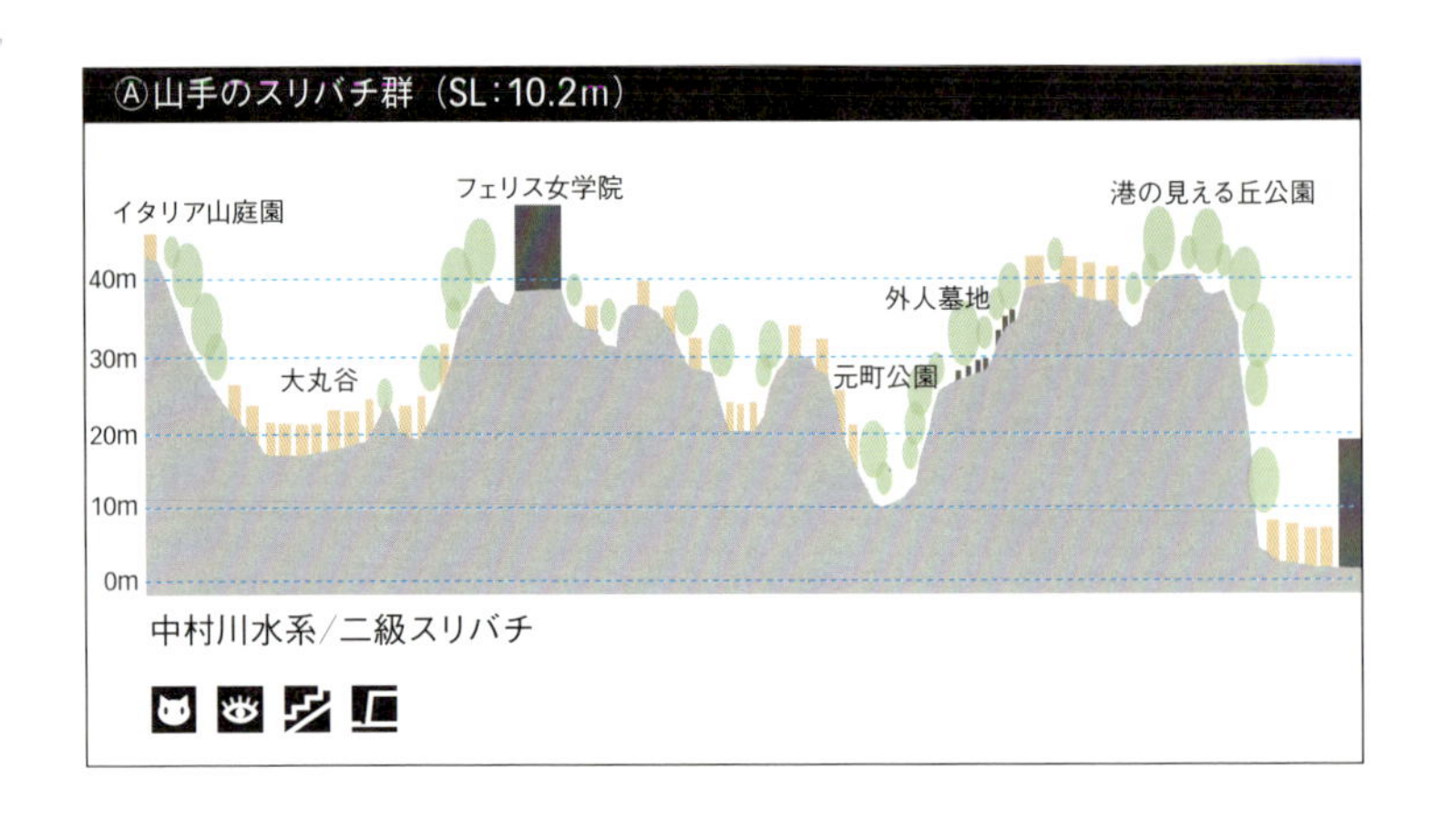

強制的に移住させられたのだった。砂嘴の外国人居留地外周には堀川が巡り、堀を渡る橋には関所が置かれ、その内側を「関内」と呼んだのが現在の地名、関内の由来だ。

居留地として独特なのが唐人町（現在の中華街）で、砂嘴の付け根の沼地状の場所が、他の沖積地と同じく横浜新田として開発されたのが起源である。交差する道路が唯一ここだけ、ほぼ東西南北に延びているので地図上でも位置と範囲が判読しやすい。

開港場となった横浜も、江戸・東京と同じようにしばしば大火に見舞われた。特に1866年（慶応2）の慶応大火では中心部が灰燼に帰したため、防災を見据えた都市計画が実施されることとなった。石造建築が増加し、広い街路が整備されたのはこの時期からだ。そんな中、かつて港崎遊郭があった場所を防火帯機能のある公園（防災公園）として整備したのが、野球場のある横浜公園だ。当初は、外国人と日本人の交流の場として彼我（ひが）公園と名づけられた。ちなみに横浜の観光名所の1つである山下公園は、関東大震災の際に発生した大量の瓦礫を埋め立てて造成された公園である。

② 八幡町の谷

大坂下のスリバチ　公園に利用されている支谷（ミニスリバチ）からはみなとみらいが遠望できる（横浜市中区八幡町）

八幡町の谷を望む　蓮池坂を上りきった痩せ尾根からスリバチ状の谷を俯瞰する（横浜市中区平楽）

三吉橋通り商店街　昭和の香りを漂わせるアーケードがわずかに残る（横浜市南区浦舟町）

釣鐘状の低地を西から東へと流れる中村川を南に越えると、山手台地の崖線が屏風のように立ち塞がる。だがその崖線は、幾筋もの谷戸の進入を許している。

「ハマの台所」と呼ばれ、近年はエスニック感が漂う横浜橋通商店街の長いアーケードを過ぎ、中村川を三吉橋で渡ると、八幡町通り（三吉橋通り商店街）が谷戸奥へと続く。この一帯の八幡町という町名は、半島状に突き出た台地に鎮座する中村八幡宮に由来する。八幡町通りは谷を流れていた川の流路にあたり、この通りから葉脈状に路地が分岐し、山手へと這い上がる急坂にはそれぞれ、蓮池坂や山羊坂、蛇坂、大坂などの名がつけられている。坂道は支谷を利用し設けられているので、上ればスリバチビューが待っている。

③ 地蔵坂の谷

横浜山手地区の台地には、下末吉と同様にスリバチ状の深い支谷が多く分布しているのが特徴だ。地蔵坂のある谷は、地形と町の様相という点でスリバチ景観の典型である。谷頭にあるのが蓮光寺で、谷底には低層の住宅群が、丘の上には横浜共立学園の校舎がそびえたつ。都内のスリバチ景観と同じく、ここでもスリバチの第一法則が観察できるのだ。ただし東京都下よりも崖の比高が大きいため、メリハリの効いた風景には圧倒されるものがある。

④ 大丸谷

元町から本牧方面へ抜ける山手トンネルのあるあたりは大丸谷(おおまるだに)と呼ばれ、スリバチ状の窪地を囲む台地にはフェリス女学院などが並び、山手の文教地区を成す。谷戸の東側に突き出た丘は、1880年から86年までイタリア領事館が置かれていたためイタリア山と呼ばれ

地蔵坂の谷の谷頭　蓮光寺脇の階段上から、地蔵坂の窪地を一望する（横浜市中区石川町3丁目）

るようになった。麓の元町にはＪＲ根岸線の石川町駅があり、駅周辺の活気ある下町的商店街と、丘の上の閑静な住宅地の対比が印象的だ。

山手イタリア山庭園では、幾何学的なデザインの洋式庭園と、外交官の家やブラフ18番館と呼ばれる洋館が保存活用されている。特にブラフ18番館では、震災復興期（大正末期から昭和初期）の外国人住宅の暮らしが再現され、2階では古地図コレクションが見られるのがうれしい。ちなみに「ブラフ」とは切り立った崖の意味で、崖上に競うように立てられた洋館に、「ブラフ○番館」と番号がつけられたものだ。

さて、南向き信仰とも呼べるほど日本の住宅は南面を表とするが、海外の住宅では南面へのこだわりよりも、その場所から見える景色や風景に力点を置いて、家の正面を決める場合が多い。このあたりの洋館では、大きな窓面やバルコニーの位置などから家の表面を判読できるので、オーナーがどの方向の景色を重視したかに着目すると面白い。多くの洋館は遠く海を望む方

右＝**イタリア山を望む**　大丸谷を挟んでイタリア山を遠望する（横浜市中区元町5丁目）／左＝**イタリア山からの眺め**　イタリア山からは山手の凹凸地形が一望できる（横浜市中区石川町1丁目）

角を表にしているが、海が見えないケースでは、谷戸に向く、スリバチビューな洋館がいくつか存在しているのがわかる。「スリバチの空は広い」のだ。

⑤ 元町公園の谷

山手台地の麓にある厳島神社は、かつての砂嘴（洲干島）の先端部にあった弁天社（洲干弁天）が起源で、横浜村の住民たちと一緒にこの地へ移転されたものだ。

神社の背後はそそり立った崖が続き、元町公園では谷戸が台地の奥深くへと入り込んでいる。このスリバチ状の窪地に着目したのは、幕末に来日したフランス人実業家ジェラールであった。ジェラールは谷戸から湧き出る豊富な湧水に目をつけ、開港場となった横浜港に出入りする船舶への給水事業を開始した。煉瓦造の地下貯水槽が整備され、一帯は水屋敷とも呼ばれた。ジェラールはさらに、この谷戸に洋瓦や煉瓦の製造工場を建設し、横浜居留地の洋館に留まらず、関東各地をマーケットとした事業に着手する。明治末期まで製

地下貯水槽の遺構　遺構の周辺では今でも湧水が確認できる（横浜市中区元町１丁目）

厳島神社　山手の崖下に佇む厳島神社（横浜市中区元町5丁目）

造は続けられていたのだが、関東大震災で被災し、その工場跡地を横浜市が買い取って、現在の元町公園の姿に整備した。

ちなみに、横浜の中心市街地となった砂嘴や沖積地の低地部においては、開港以来、堀井戸は塩分と濁りでほとんど飲用の役に立たなかったという。そこで水売業者が遠方から水を運搬していたが、増大する需要には応じきれず、1887年（明治20）に近代式改良上水道が整備されるまでは深刻な水不足が続いていたという。地元では見慣れていた谷のありがたさに、意外と気づかなかったのかもしれない。

さて、ジェラールの水屋敷があった谷戸はさらに奥深く続き、谷頭部は現在、元町公園プールに利用されている。プールを囲む観客席はスリバチの斜面をうまく利用して、ローマの古代劇場のようである。以前はプールの水に谷戸の湧水を利用していたため、水がとても冷たく、あまり評判はよくなかったという。

台地に上ると、元町の雑踏が嘘のような閑静な住宅

右＝**スリバチ状のプール**　スリバチ状の地形を活かした元町公園のプール（横浜市中区元町1丁目）／左＝**外国人墓地の谷**　斜面地にある外国人墓地の麓の窪地も墓地だった（横浜市中区元町1丁目）

地で、山手らしい洋館が並び、観光客も多い。元町公園を下に望む急な斜面地に広がるのが横浜外国人墓地で、崖を味わいながらの墓地散策も楽しい。

⑥ 谷戸坂の谷

もっとも港寄りにある、豊かな樹林に覆われた台地はフランス山と呼ばれ、その南東側に続く丘陵地がかつてのイギリス山、現在はそれら一帯が「港の見える丘公園」として整備されている。横浜港やベイブリッジ、そしてランドマークタワーを一望できる観光スポットである。イギリス山とフランス山には、幕末から明治の初めにかけてそれぞれイギリス軍とフランス軍が駐屯、軍隊が撤退したのちも領事館が置かれたためにそう呼ばれた。

ここでは、これら誰もが知る台地の西側に佇む小さなスリバチ状の窪地にも目を向けたい。幅が200mにも満たない窪地は山手裏の住宅地に利用され、谷戸坂が谷筋にあたるが川の跡は確認できない。

右＝**港を望む谷戸坂**　フランス山とアメリカ山に挟まれた窪地は住宅地に利用されている。横浜港のマリンタワーを遠くに望む（横浜市中区山手町）／左＝**千代崎川の暗渠路**　谷間に続く千代崎川の暗渠路（横浜市中区麦田町2丁目）

この谷を見下ろす対岸の丘はアメリカ山と呼ばれ、他の丘と同じく現在は公園として開放され、横浜中心市街地の展望スポットとなっている。

⑦ 千代崎川の谷

山手台地の南斜面にも魅力的な谷や窪地が点在しているので紹介したい。やはり横浜山手は、東京の淀橋台や荏原台に匹敵するスリバチの密集地帯だと実感できる。

台地の南斜面を活かした山手公園を下りると、麦田町と呼ばれる下町が広がり、谷間を本牧通りが走る。その1本裏手にゆらゆらと続く暗渠路が残り、ここが河谷であることを証明してくれる。この低地を流れていたのが千代崎川で、直線化された暗渠路のそばに蛇行した旧流路も残る。暗渠路に敷かれた蓋は、東京では見かけることのないプレキャストコンクリートと現場打ちコンクリートの混合構造で、継ぎ目や段差がなくバリアフリーなため、夜でも安心して歩けると暗渠

根岸共同墓地の谷を望む　斜面を埋め尽くす根岸共同墓地を俯瞰する（横浜市中区平楽）

界でも評判がよい。

麦田町よりも西側では、千代崎川の川跡は柏葉通りにつかず離れず寄り添い、上流に至っては唐沢という谷筋など複数の支谷に枝分かれする。現在は柏葉橋という、交差点とバス停に残った名で往時の川を偲ぶ。

この河谷の本流は猿田川と呼ばれ、その川跡は中区と南区の区界になっている。谷の北側斜面は根岸共同墓地で覆われ、点在する寺院とともに、弔いの谷戸の荒涼たる風景が見る者を震撼させる。

⑧ 天沼ビール工場の谷

最後に、ビール発祥の谷戸を紹介しておきたい。

市立北方小学校のある窪地は、かつて北方村天沼と呼ばれた清水の湧く谷戸であった。1868年（慶応4・明治元年）、アメリカ人コープランドは、その自然の湧水を利用してビール製造に着手した。良水の湧く谷戸地形にふさわしく、醸造所は「スプリングバレー・ブルワリー」と名づけられた。

根岸共同墓地の黄昏　夜の帳に包まれようとする根岸共同墓地の谷（横浜市中区大芝台）

その後、経営不振に陥ったコープランドは醸造所を手放すこととなったが、代わりに1885年、跡地にジャパン・ブルワリーが設立され、天沼の谷でのビール製造が再開された。同社が製造するビールは「キリンビール」の銘柄で全国に販売され、1907年には麒麟麦酒株式会社と社名を変えた。

工場施設は関東大震災で倒壊し、ビール工場は震災後、現在の鶴見区生麦へ移転したのだった。そして湧水の注ぎ込む天沼は埋め立てられ、学校の用地に変わった。

ジェラールが谷戸の湧水を利用して船舶給水事業を始めたのと同じく、日本を代表するビール工場の発祥も谷戸の湧水を起源としていた。山手の谷戸から絶えず湧き出る良水は、海の向こうからやってきた新参者の目には、新たなる産業をも興しうる、偉大なるポテンシャルを秘めていたのだろう。

井戸跡　ビール工場で使われていた井戸が遺構として現地保存されている（横浜市中区千代崎町1丁目）

キリン園跡　天沼の谷の一部はキリン園という公園となり、ビール工場があった記憶を伝える（横浜市中区千代崎町1丁目）

猿田川の川頭　スリバチ状の谷頭にはかつて米軍根岸住宅が点在していた（横浜市中区大芝台）

おわりに

2003年に設立した東京スリバチ学会の活動も昨年で20周年を迎えました。本書の元となった『凹凸を楽しむ東京「スリバチ」地形散歩2』（洋泉社、2013年）の出版やテレビ番組『ブラタモリ』の影響などもあり、自分たちの活動に多くの関心が寄せられていることを実感しています。地形に着目して町の歴史や文化をひもとく手法と、誰もが参加できる活動スタイルは、14年にグッドデザイン賞に選出されました。そして23年には地域再生大賞の優秀賞として、全国の新聞社などから表彰を受けました。そんな起点となった本書の新たな刊行に際し、東京スリバチ学会の活動の広がりと今後の展望について、思うことを記しておきたいと思います。

まずは活動の水平的な広がりがあります。地形図や古地図を手がかりに、町を実際に歩いて知り、土地の魅力を再発見する方法には地域を越えた普遍性があるのでしょう。「何にもない」と皆が口をそろえるような土地でも、スリバチ学会的にアプローチすると必ず「お宝」が見つかり、歩くことがますます楽しくなるといった事例が多々ありました。東京での活動に触発されて、13年に名古屋スリバチ学会が設立されたのを皮切りに、全国各地にご当地スリバチ学会が立ち上げられていいます。地元の方々が主体となって、地域の魅力発掘から情報発信まで、独自の活動を続けられ、地域の「まちづくり・まちおこし」に繋がることもあるようです。

また、自分たちの活動が隔てられた分野や領域の橋渡し役になっている、と感じる場面もあります。学問分野や行政区分を隔てることなく、スリバチ学会ならではの横断的で自由な活動が、地域コミュニティを育むプラットホームにもなっているようです。素人による緩い集まりであるがゆえ、過去の慣習や既成概念にとらわれないところがよいのかもしれません。

そしてもう1つの広がりは、時間軸での「繋がり」みたいなことです。それは温故知新、まさに過去を知ることが未来を考えるヒントに成りうるという感触です。地勢や水系の把握、そして土地の持つポテンシャルの発見や再評価は、防災的な備えの知見になるだけでなく、持続可能な都市像を模索するうえでもさまざまな示唆とアイディアを与えてくれると思います。現在は教育・研究のテーマとして、法政大学などで江戸・東京を題材に地形・地歴そして水利用に焦点をあて、都市形成の解読や「防災」もテーマに加えた提案を続けています。特に水循環に着目することは、脱炭素で持続可能な都市システムを模索するうえで重要な視点だと思うのです。

土地固有の文化を考えるうえで「地形と水」はキーワードの1つに違いありません。そして「地形と水」には、恵みと災いといった相反する2つの側面があることを忘れてはいけません。災害大国ともいわれるわが国は、一方で自然エネルギーにも満ちあふれた土地なのでしょう。そのポテンシャルの活かし方に、自分たちの未来や希望を見出せるという予感があります。それを世界に示すだけでなく、実現できる知恵と実現力がわが国にはあると思うのです。

最後になりましたが、刊行にご尽力をいただいた元洋泉社の渡邉秀樹様、そして実業之日本社の磯部祥行様には、この場を借りて厚く御礼申し上げます。

東京スリバチ学会　　会長　皆川典久

主要参考文献

地学・都市論など

安藤優一郎『大名庭園を楽しむ』朝日新書、２００９年
五十嵐太郎『美しい都市・醜い都市』中公新書ラクレ、２００６年
石川初『ランドスケール・ブック』ＬＩＸＩＬ出版、２０１２年
今尾恵介『消えた駅名』講談社＋α文庫、２０１０年
今尾恵介『地図を探偵する』ちくま文庫、２０１２年
大石学『地名で読む江戸の町』ＰＨＰ新書、２００１年
岩垣顕『荷風日和下駄読みあるき』街と暮らし社、２００７年
岡本哲志『江戸東京の路地』学芸出版社、２００６年
荻窪圭『古地図とめぐる東京歴史探訪』ソフトバンク新書、２０１０年
荻窪圭『東京古道散歩』中経の文庫、２０１０年
小沢明『都市の住まいの二都物語』王国社、２００７年
貝塚爽平『東京の自然史』講談社学術文庫、２０１１年
神田川ネットワーク編著『神田川再発見』東京新聞出版局、２００８年
日下雅義『古代景観の復原』中央公論社、１９９１年
越沢明『東京の都市計画』岩波新書、１９９１年
塩見鮮一郎『江戸の城と川』河出文庫、２０１０年
陣内秀信『東京の空間人類学』ちくま学芸文庫、１９９２年
陣内秀信・板倉文雄他『東京の町を読む　下谷・根岸の歴史的生活環境』相模選書、１９８１年
陣内秀信・三浦展『中央線がなかったら　見えてくる東京の古層』ＮＴＴ出版、２０１２年
菅原健二『川跡からたどる江戸・東京案内』洋泉社、２０１１年
菅原健二『川の地図辞典　江戸・東京／23区編』之潮、２００７年
酒井茂之『江戸・東京坂道ものがたり』明治書院、２０１０年
佐藤正夫『品川台場史考』理工学社、１９９７年
鈴木理生『江戸の川・東京の川』井上書院、１９８９年
鈴木理生『江戸はこうして造られた』ちくま学芸文庫、２０００年
鈴木理生『図説江戸・東京の川と水辺の事典』柏書房、２００３年
鈴木理生『川を知る事典』日本実業出版社、２００３年
鈴木理生『江戸の町は骨だらけ』ちくま学芸文庫、２００４年
高村弘毅『東京湧水せせらぎ散歩』丸善、２００９年
竹内誠編『東京の地名由来辞典』東京堂出版、２００６年
竹内正浩『地図と愉しむ東京歴史散歩　都心の謎篇』中公新書、２０１２年
竹村公太郎『土地の文明』ＰＨＰ研究所、２００５年
田中昭三『江戸東京の庭園散歩』ＪＴＢパブリッシング、２０１０年
田中正大『東京の公園と原地形』けやき出版、２００５年
谷川彰英『地名に隠された「東京津波」』講談社＋α新書、２０１２年
高橋美江『絵地図師・美江さんの東京下町散歩』新宿書房、２００７年
タモリ『タモリのＴＯＫＹＯ坂道美学入門』講談社、２００４年
中沢新一『アースダイバー』講談社、２００５年
羽鳥謙三『地盤災害』之潮、２００９年
原広司『集落の教え１００』彰国社、１９９８年
バーナード・ルドフスキー『人間のための街路』鹿島出版会、１９７３年

廣田稔明『東京の自然水１２４』けやき出版、２００６年
堀越正雄『井戸と水道の話』論創社、１９８１年
本田創編著『地形を楽しむ東京「暗渠」散歩』洋泉社、２０１２年
藤森照信『明治の東京計画』岩波現代文庫、２００４年
藤森照信『建築探偵の冒険　東京篇』ちくま文庫、１９８９年
槇文彦他『見えがくれする都市』鹿島出版会、１９８０年
正井泰夫『江戸・東京の地図と景観』古今書院、２０００年
松浦茂樹『国土づくりの礎　川が語る日本の歴史』鹿島出版会、１９９７年
松田磐余『江戸・東京地形学散歩』之潮、２００８年
松本泰生『東京の階段』日本文芸社、２００７年
三浦展『大人のための東京散歩案内』洋泉社、２００６年
山折哲雄監修・槇野修著『江戸東京の寺社６０９を歩く　山の手・西郊編』ＰＨＰ新書、２０１１年
吉村靖孝『超合法建築図鑑』彰国社、２００６年
渡部一二『図解・武蔵野の水路』東海大学出版会、２００４年

区史・地図など

全国地理教育研究会監修『地図で歩く東京Ⅱ』古今書院、２００２年
世田谷区立郷土資料館編『等々力渓谷展　渓谷の形成をめぐって』世田谷区立郷土資料館、２０１１年
『荒川区の歴史』名著出版、１９７９年
『板橋区の歴史』名著出版、１９７９年
『大田区の歴史』名著出版、１９７８年
『北区の歴史』名著出版、１９７９年
『品川区の歴史』名著出版、１９７９年
『品川の地名』品川区教育委員会、２０００年
『新修　新宿区町名誌』新宿歴史博物館、２０１０年
『新宿区の歴史』名著出版、１９７７年
『世田谷区の歴史』名著出版、１９７９年
『台東区の歴史』名著出版、１９７８年
『豊島区史地図編』豊島区史編纂委員会、１９７４年
『豊島区の歴史』名著出版、１９７７年
『文京のあゆみ』文京区教育委員会社会教育課、１９９０年
『文京区の歴史』名著出版、１９７９年
『港区の歴史』名著出版、１９７９年
『目黒区の歴史』名著出版、１９７８年

雑誌・ムックなど

今尾恵介監修『太陽の地図帖　東京凸凹地形案内』平凡社、２０１２年
東京地図研究社『地べたで再発見！「東京」の凸凹地図』技術評論社、２００６年
『東京ぶらり暗渠探検』洋泉社、２０１０年
『水路をゆく』イカロス出版、２０１１年
『帝都東京を歩く地図』学研パブリッシング、２０１１年
『地図中心』４０８号、４７１号、日本地図センター

皆川典久

みながわ・のりひさ／東京スリバチ学会会長。1963年群馬県前橋市生まれ。2003年、ランドスケープ・アーキテクトの石川初氏と東京スリバチ学会を設立。谷地形に着目したフィールドワークを東京都内で続けている。専門は建築設計、インテリア設計。法政大学非常勤講師。著書に『凹凸を楽しむ東京「スリバチ」地形散歩』（洋泉社版、2012年、宝島社版、2022年）『東京スリバチの達人』（昭文社、2021年）など。

地図作製　杉浦貴美子・深澤晃平
付属大判地図
河川・暗渠データ提供　本田　創
断面図アイコン作製　マニアパレル｜BAD_ON
ブックデザイン　ウチカワデザイン
DTP　株式会社千秋社
編集　渡邉秀樹
付属大判地図作製・進行　磯部祥行（実業之日本社）

東京スリバチ散歩
地形の楽しみ方ガイド

発行日　2024年11月25日　初版第1刷発行
著者　皆川典久
発行者　岩野裕一
発行所　株式会社実業之日本社
〒107-0062
東京都港区南青山6-6-22 emergence 2
電話【編集部】03-6809-0473
【販売部】03-6809-0495
https://www.j-n.co.jp
印刷・製本所　大日本印刷株式会社

ISBN 978-4-408-65112-5（第二書籍）